轧钢机、飞剪机、行星齿轮差速器设计与计算

周福尧　章宇顺　著

北　京

冶　金　工　业　出　版　社

2022

内 容 提 要

本书从设计角度出发，以设计中的计算为主线，结合作者几十年设计、科研工作经验和成果编著而成。全书共分4章，第1章用"正则方程"补充推导轧钢机机架、齿轮机架、H形架等超静定力计算公式；第2章介绍剪切轧件速度50m/s高速飞剪机及剪切$\phi 200$mm大断面飞剪机的设计计算；第3章介绍的差动调速将机械调速和电力调速紧密结合，巧妙地解决了各种调速难题，并对差动调速的核心设备行星齿轮差速器进行了全面系统的论述；第4章对设备的安装、调试、生产、维护提出要求。

本书既可为生产企业技术人员提高产量、改善产品质量提供理论根据，也可作为设计人员的设计计算参考书。

图书在版编目(CIP)数据

轧钢机、飞剪机、行星齿轮差速器设计与计算/周福尧，章宇顺著. —北京:冶金工业出版社，2022.8

ISBN 978-7-5024-9216-8

Ⅰ.①轧… Ⅱ.①周… ②章… Ⅲ.①轧机—差速器—差速器—设计计算 ②飞剪—差速器—设计计算 ③行星轧机—差速器—设计计算 Ⅳ.①TG33

中国版本图书馆 CIP 数据核字(2022)第 132664 号

轧钢机、飞剪机、行星齿轮差速器设计与计算

出版发行	冶金工业出版社	**电 话**	(010)64027926
地 址	北京市东城区嵩祝院北巷 39 号	**邮 编**	100009
网 址	www.mip1953.com	**电子信箱**	service@ mip1953.com

责任编辑 李培禄 **美术编辑** 彭子赫 **版式设计** 郑小利
责任校对 郑 娟 **责任印制** 禹 蕊
三河市双峰印刷装订有限公司印刷
2022 年 8 月第 1 版，2022 年 8 月第 1 次印刷
710mm×1000mm 1/16；12.75 印张；246 千字；192 页
定价 60.00 元

投稿电话 (010)64027932 投稿信箱 tougao@cnmip.com.cn
营销中心电话 (010)64044283
冶金工业出版社天猫旗舰店 yjgycbs.tmall.com
(本书如有印装质量问题，本社营销中心负责退换)

前　言

本书从设计角度出发，对技术含量高、计算难度大、结构复杂的主要轧钢设备设计进行探讨，对其计算公式进行整理、补充，推导新计算公式。设计工作主要是计算，计算通过才能绘出产品设计图。

本书第 1 章为轧钢机及齿轮机设计计算。轧钢机、齿轮机种类很多。本章重点介绍用"正则方程"进行推导，通过一次推导计算，能够同时得到闭口式轧钢机架 3 个超静定力计算公式，以及得到 H 形架的 2 个超静定力计算公式。H 形架使用三辊开口式轧钢机换辊更加方便，现在的设计均采用 H 形架。由于 H 形架放在机架内，尺寸不能过大，所以要详细计算。本章补充了 H 形架 2 个超静定力计算公式。本章用"正则方程"推导开口斜角底机架的一次超静定力计算公式，并与传统"开口平底机架超静定力计算公式"进行比较，便于读者在设计过程中进行公式的选择。另外，用"正则方程"推导人字齿轮开启式机架一次超静定力计算公式与传统书上超静定力计算公式推导方法是相同的，只是传统方法是在假设机架下横梁惯性矩 $J_1 = \infty$ 的条件下进行推导，而本篇将 J_1 的实际值引入推导超静定力计算，毫无疑问，本章的计算结果更符合实际。按传统公式计算出的超静定力值，比实际值高 30%~40%，这样设计的人字齿轮机"傻大黑粗"。人字齿轮机装配式机架，加工不用大机床，加工周期短，质量轻，投资省，很受欢迎。本书纳入人字齿轮机装配式机架设计与计算。

　　第2章为飞剪机设计计算。飞剪机是高精设备，技术含量高，计算公式必须准确可靠，并且计算任务量繁重，本章归纳、整理及推导60多个飞剪机计算公式。例如书中所述，剪切钢材时每个剪刃要承受3个力，每个力都要产生1个扭矩，所以每个剪刃都要承受3个扭矩组成"剪切扭矩"，上下剪刃受力方向不同，"剪切扭矩"也不同。本章介绍了曲柄连杆飞剪机的"剪刃的运动轨迹图"，根据此图得出两点结论：(1) 在剪切区域剪刃永远与轧件是垂直的；(2) 在剪切区域，剪刃与轧件有一段平行运动。有了这两条结论，才能"名正言顺"推导曲柄连杆飞剪机的曲柄各种角度、各种扭矩关键数据。本章还推导一些准确计算：起（制）动行程、起（制）动时间等计算公式，需要强调的是，本书对"剪切功"计算结果的应用，使"剪切功"成为飞剪机设计当中非常重要的计算。通过这些公式，可以系列化地计算不同规格的飞剪机。本章主要探讨起停式电动飞剪机设计与计算，飞剪机电动机（ZFQZ）是低惯量频繁起动电动机，由于电动机技术成熟可靠，现在生产上采用"起停式电动飞剪机"，当然这些计算方法也可以在圆盘连续回转式高速飞剪机计算中使用。在我国，作者设计飞剪机时间较早，在20世纪80年代初，承担差动调速连轧研究时，因为连轧的轧件速度高，轧件长，要求连轧机后面一定要有飞剪机，所以在搞差动调速连轧研究的同时，对飞剪机设计也进行了深入的研究，设计了多台（套）各式各样的飞剪机。到了20世纪80年代我国钢铁工业大发展，本人开始设计剪切大断面、速度高的轧件飞剪机。现在我国已经能够设计制造剪切 ϕ180mm 圆钢龙门式曲柄连杆飞剪机，以及剪切速度高达40m/s圆盘回转式飞剪机。这些高端飞剪机，投产后运行良好，获得用户好评。

第3章为行星齿轮差速器设计与计算。差速器有很多巧妙的用处（3.3、3.4节），20世纪80年代初作者参加当时冶金工业部的科研课题"差动调速连轧技术"研究工作。在十多年研究工作中，设计多台各种行星齿轮差速器，在这个领域的设计与实践工作获得圆满成功，差动调速连轧技术有新的突破，在1988年，"交直流双机驱动中小无套连轧技术"获得国家发明奖。现在差速器技术完全过关，设计制造1000kW差速器，是"轻而易举"的事。在西方国家已进行了800kW以下外齿差速器的系列生产，并得到广泛应用，我国的外齿差速器系列化生产同样也将进入快速发展阶段。同时，差速器还是巧妙解决机械化设备中各种难题的关键设备，它的优点可以说"无与伦比"，在书中有详细介绍。我愿意把"十年磨一剑"在差速器领域的设计、使用经验编入书中介绍给大家。

第4章为飞剪机操作说明，将计算书中有关操作人员需要了解的内容及数据提供使用。

书中计算实例均来自实际设计项目中的计算书，所介绍的技术和方法，是本人几十年耕耘的积累和收获，与传统经典的相关技术和方法有很多不同之处，欢迎读者和广大技术人员进行补充、批评、指正。

周福尧

2022年2月

目　录

1 轧钢机及齿轮机计算

本章主要公式中的符号：

P——一个机架负担的最大轧制力；

L_1——闭口式机架上下横梁的中和线长度，或开口式机架下横梁的中和线总长度；

L_2——立柱中和线长度；

L_3——开口式机架盖的中和线长度；

J_1——闭口式机架上下横梁的惯性矩，或开口式机架下横梁的惯性矩；

J_2——立柱的惯性矩；

F_1——闭口式机架上下横梁的横断面面积，或开口式机架下横梁的横断面面积；

F_2——立柱的横断面面积；

F_3——开口式机架盖横断面面积；

e——开口式机架凸台受力点与立柱中和线的距离；

e'——开口式机架上面放斜楔处 $\dfrac{P}{2}$ 力与立柱中和线距离；

C_1——闭口式机架上轧辊中心线与下横梁中和线距离；

C_2——闭口式机架下轧辊中心线与下横梁中和线距离；

E——弹性模数；

δ——位移；

δ_a——a 点位移；

δ_{11}——闭口式机架在力 $X_1 = 1$ 的作用方向上的位移；在开口式机架整个刚架 ad 点的水平变位；

M——扭矩；

W——断面模数；

Q——水平力，或总轧制力；

T——超静定力；

T_1——1 点的超静定力；

T_2——2 点的超静定力；

h_1——H 形架横梁中和线长度；

h_2——H 形架上腿中和线长度；

h_3——H 形架下腿中和线长度；

X——人字齿轮机水平分力；

Y——人字齿轮机垂直分力；

α_H——齿的啮合角；

β——齿的倾斜角；

C_1——人字齿轮机机架下面 X 力与下横梁中和线之距离；

C_2——人字齿轮机机架上面 X 力与下横梁中和线之距离；

d_0——人字齿轮机节圆直径；

S——开口式斜角底机架斜线长度；

m——开口式斜角底机架下横梁中和线长度。

1.1　轧钢机机架设计计算

1.1.1　简述

1.1.1.1　轧钢机架分类

在轧钢过程中，轧件作用到轧辊上的轧制力通过轧辊上轴承、轴承座、压下螺丝及压下螺母，传递到轧钢机架上下横梁及全部机架，承受这个巨大轧力，安全系数要大，机架变形要小。

轧钢机架有开口式和闭口式两种主要形式。

A　闭口式轧钢机架

闭口式轧钢机架是封闭的刚架，刚度大，强度大，用于轧制压力大、要求机架变形小的轧钢机。现代高参数轧钢机，如冷轧机、连续轧机、多辊轧机及初轧机等重要机架均采用闭口式机架。

B　开口式轧钢机架

开口式轧钢机架有可拆卸的机架盖，从机架开口处拆换轧辊，不需要专门设备。因机架窗口窄小，缩小了机架的外形尺寸，开口式机架的外边与轧辊距离缩短，导卫装置也较简单，尤其型钢轧辊凸缘大部分采用开口式机架。对横列式布置的型钢机架，为了换辊方便都采用开口式，用于对机架不要求有很大刚性并需要经常更换轧辊的地方。开口式机架有多种形式，目前国内外设计多采用斜楔式机架。650mm 大型型钢（角钢及槽钢）三辊轧钢机左右有两片机架。两个机架的上盖是连在一起，也就是一个机架盖与两边机架立柱连接采用斜楔式。这个斜楔是两块斜度为 1∶50 的钢板，两块斜度钢板在一起，组成长方形。机架与机架盖共同加工成长方形孔，可将两块斜楔放入、打紧。机架与机架盖固定，且非常牢固，不会松动，换辊时打斜楔也很快，换辊时间短，而且机构简单，是国内使用中的一种好的形式。为了换辊方便，现在开口式机架均采用斜楔式。取消传统开启式机架的支承中辊轴承的两边上凸台，安装H形架，这也是一项重大改进。

C H形架

新式开口式机架，如斜楔式三辊轧机均采用H形架，用H形架承受中辊轴承向上作用的轧制力。这样就取消支承中辊轴承用机架的上凸台。换辊时轧辊轴承可以在机架窗口垂直吊出，这样既省事也节省时间。并且调整中辊也较方便。这种H形架很成熟可靠且应用广泛。但由于H形架放在轧钢机架内受位置限制，其断面尺寸不能过大，所以H形架应力大，需要用合金钢材料制造，也要进行详细计算。在轧辊直径250mm以下轧钢机的轧辊轴承座可用人工从窗口水平抽出，所以就没有必要采用H形架。

1.1.1.2 轧机承受的垂直力

一般轧钢机承受的轧制压力是垂直力。当总轧制力为 Q（图1-1）时，一个机架负担之最大轧制力：

$$P = \frac{Qn_2}{n_1 + n_2}$$

式中　Q——总轧制力；

　　　n_1——轧件与左边轴承距离；

　　　n_2——轧件与右边轴承距离。

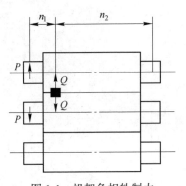

图1-1　机架负担轧制力

1.1.2　承受垂直力时闭口机架计算

超静定力计算公式推导如下：

闭口轧钢机架（图1-2和图1-3）主要用于轧制力特别大的1150mm初轧机、板坯轧机等。为了简化计算，有如下3点假设：（1）在上下中和线中间承受上下垂直轧制力 P，这两个力大小相等，方向相反，并作用在同一直线上。（2）上、下横梁和立柱的联结位置有小圆角，机架立柱与横梁联结位置刚性大。假设按其中和线划出 4 个接点全部固接。（3）上横梁与下横梁面积及惯性矩相等；两个立柱的面积及惯性矩相等，矩形刚架，负荷图如图 1-4 所示。按照常规闭口机架是三次超静定钢架，有 X_1、X_2、X_3 3 个超静定力，如图 1-5 所示。

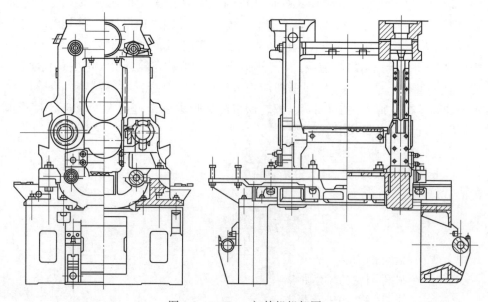

图 1-2 1150mm 初轧机机架图

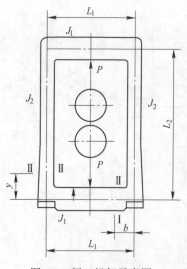

图 1-3 闭口机架示意图

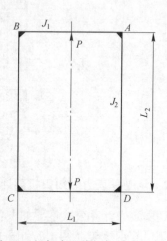

图 1-4 机架中和线钢架受力示意图

根据负荷对称条件：

$$\delta_{12} = \delta_{21} = \delta_{23} = \delta_{32} = \delta_{2P} = 0$$

用"正则方程"确定三次超静定力典型方程式：

$$\begin{cases} X_1\delta_{11} + X_3\delta_{13} + \delta_{1P} = 0 \\ X_2\delta_{22} + \delta_{2P} = 0 \\ X_1\delta_{31} + X_3\delta_{33} + \delta_{3P} = 0 \end{cases}$$

设 K 为：

$$K = \frac{L_2 J_1}{L_1 J_2} \qquad (1\text{-}1)$$

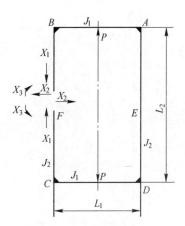

图 1-5　中和线钢架 3 个
超静定力示意图

1.1.2.1　求 δ_{11}

取机架的下半部（图 1-6）进行计算。

δ_{11} 为在 $X_1 = 1$ 力作用下，X_1 力方向上的位移。

$$\delta_1 - \frac{\partial U}{\partial X_1} = \int \frac{M_1 dx}{EJ_1} \frac{\partial M_1}{\partial X_1} + \int \frac{M_2 dx}{EJ_2} \frac{\partial M_2}{\partial X_1}$$

$C \rightarrow D$：

$$M_1 = X_1 X \quad 所以 \frac{\partial M_1}{\partial X_1} = X$$

$D \rightarrow E$：

$$M_1 = X_1 L_1 \quad 所以 \frac{\partial M_1}{\partial X_1} = L_1$$

$$\delta_F = \frac{1}{EJ_1} \int_0^{L_1} X_1 X^2 dx + \frac{1}{EJ_2} \int_0^{\frac{L_2}{2}} X_1 L_1^2 dx$$

当 $X_1 = 1$：

$$\delta_F = \frac{1}{EJ_1} \int_0^{L_1} X^2 dx + \frac{1}{EJ_2} \int_0^{\frac{L_2}{2}} L_1^2 dx = \frac{L_1^2}{3EJ_1} + \frac{L_2 L_1}{2EJ_2}$$

由于刚架上面下面对称，单位外力也对称，所以：

$$\delta_{11} = 2\delta_F = \frac{2L_1^3}{3EJ_1} + \frac{L_1^2 L_2}{EJ_2} = \frac{L_1^3}{EJ_1}\left(\frac{2}{3} + K\right)$$

1.1.2.2　求 δ_{33}

取机架的下半部（图 1-7）进行计算。

δ_{33} 为在 $X_3 = 1$ 力作用下，X_3 力方向上的位移。

$$\delta_F - \frac{\partial U}{\partial X_3} = \int \frac{M_1 dx}{EJ_2} \frac{\partial M_1}{\partial X_3} + \int \frac{M_2 dx}{EJ_1} \frac{\partial M_2}{\partial X_3} + \int \frac{M_3 dx}{EJ_2} \frac{\partial M_3}{\partial X_3}$$

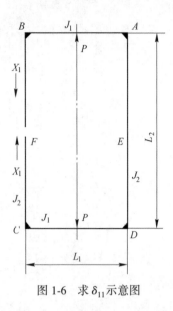

图 1-6 求 δ_{11} 示意图

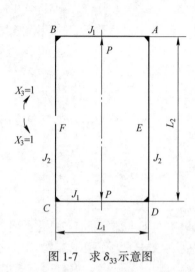

图 1-7 求 δ_{33} 示意图

$F \rightarrow C$：

$$M_1 = X_3 \qquad \text{所以} \qquad \frac{\partial M_1}{\partial X_3} = 1$$

$C \rightarrow D$：

$$M_2 = X_3 \qquad \text{所以} \qquad \frac{\partial M_2}{\partial X_3} = 1$$

$C \rightarrow E$：

$$M_3 = X_3 \qquad \text{所以} \qquad \frac{\partial M_3}{\partial X_3} = 1$$

$$\delta_F = \frac{1}{EF_2}\int_0^{\frac{L_2}{2}} X_3\,\mathrm{d}x + \frac{1}{EJ_1}\int_0^{L_1} X_3\,\mathrm{d}x + \frac{1}{EJ_2}\int_0^{\frac{L_2}{2}} X_3\,\mathrm{d}x$$

当 $X_3 = 1$ 时：

$$\delta_F = \frac{1}{EF_2}\int_0^{\frac{L_2}{2}} X^2\,\mathrm{d}x + \frac{1}{EJ_1}\int_0^{L_1}\mathrm{d}x + \frac{1}{EJ_2}\int_0^{\frac{L_2}{2}}\mathrm{d}x = \frac{L_2}{EJ_2} + \frac{L_1}{EJ_1}$$

由于钢架上面下面对称，单位外力也对称，所以：

$$\delta_{33} = 2\delta_F = \frac{2L_2}{EJ_2} + \frac{2L_1}{EJ_1} = \frac{2L_1}{EJ_1}(1 + K)$$

1.1.2.3 求 δ_{31}

取机架的下半部（图 1-8）进行计算。

δ_{31} 为在 $X_3 = 1$ 力作用下，X_3 力的方向上的位移。

$$\delta_F - \frac{\partial U}{\partial X_3} = \int \frac{M_1 \mathrm{d}x}{EJ_1} \frac{\partial M_1}{\partial X_3} + \int \frac{M_2 \mathrm{d}x}{EJ_2} \frac{\partial M_2}{\partial X_3}$$

$C \to D$：

$$M_1 = X_3 - X_{1X} \qquad \text{所以} \qquad \frac{\partial M_1}{\partial X_3} = 1$$

$D \to E$：

$$M_2 = X_3 - X_1 L_1 \qquad \text{所以} \qquad \frac{\partial M_2}{\partial X_3} = 1$$

$$\delta_F = \frac{1}{EJ_1} \int_0^{L_1} (X_3 - X_1 X) \mathrm{d}x + \frac{1}{EJ_2} \int_0^{\frac{l_2}{2}} (X_3 - X_1 L_1) \mathrm{d}x$$

当 $X_3 = 0$，$X_1 = 1$ 时：

$$\delta_F = \frac{-1}{EJ_1} \int_0^{L_1} X \mathrm{d}x - \frac{1}{EJ_2} \int_0^{\frac{l_2}{2}} l_1 \mathrm{d}x = \frac{-L_1^2}{2EJ_1} - \frac{L_1 L_2}{2EJ_2}$$

由于钢架上面下面对称，单位外力也对称，所以：

$$\delta_{31} = 2\delta_F = \frac{-L_1^2}{EJ_1} - \frac{L_1 L_2}{EJ_2} = -\frac{L_1^2}{EJ_1}(1 + K) = \delta_{13}$$

1.1.2.4 求 δ_{1P}

取机架的下半部（图 1-9）进行计算。

δ_{1P} 为在 P 力作用下，X_1 力的方向上的位移。

$$\delta_F - \frac{\partial U}{\partial X_1} = \int \frac{M_1 \mathrm{d}x}{EJ_1} \frac{\partial M_1}{\partial X_1} + \int \frac{M_2 \mathrm{d}x}{EJ_2} \frac{\partial M_2}{\partial X_1}$$

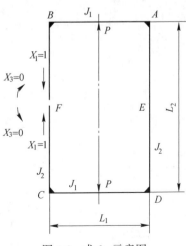

图 1-8 求 δ_{31} 示意图

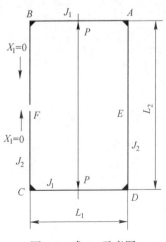

图 1-9 求 δ_{1P} 示意图

$F \rightarrow D$：

$$M_1 = X_1 \left(\frac{L_2}{2} + X \right) - P \frac{L_1}{2} \qquad \text{所以} \qquad \frac{\partial M_1}{\partial X_1} = \frac{L_1}{2} + X$$

$D \rightarrow E$：

$$M_2 = X_1 L_1 - P \frac{L_1}{2} \qquad \text{所以} \qquad \frac{\partial M_2}{\partial X_1} = L_2$$

$$\delta_F = \frac{1}{EJ_1} \int_0^{\frac{L_1}{2}} \left[X_1 \left(\frac{L_1}{2} + X \right) - PX \right] \left(\frac{L_1}{2} + X \right) \mathrm{d}x + \frac{1}{EJ_2} \int_0^{\frac{L_2}{2}} \left(X_1 L_1 - P \frac{L_1}{2} \right) L_1 \mathrm{d}x$$

当 $X_1 = 0$ 时：

$$\delta_F = \frac{-P}{EJ_1} \int_0^{\frac{L_1}{2}} X \left(\frac{L_1}{2} + X \right) \mathrm{d}x - \frac{PL_1^2}{2EJ_2} \int_0^{\frac{L_2}{2}} \mathrm{d}x = -\frac{5PL_1^3}{48EJ_1} - \frac{PL_1^3 L_2}{4EJ_2}$$

由于刚架上面下面对称，外力也对称，所以：

$$\delta_{1P} = 2\delta_F = -2 \left(\frac{5PL_1^3}{48EJ_1} + \frac{pL_1^3 L_2}{4EJ_2} \right) = -\frac{PL_1^3}{2EJ_1} \left(\frac{5}{12} + K \right)$$

1.1.2.5　求 δ_{3P}

取机架的下半部（图 1-10）进行计算。

δ_{3P} 为在 P 力作用下，X_3 力的方向上的位移。

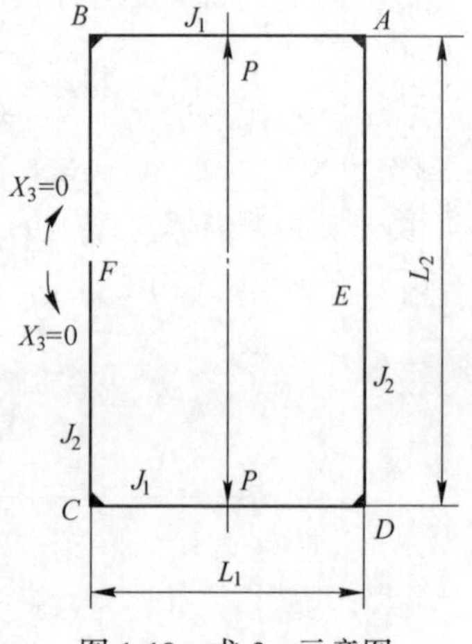

$$\delta_F - \frac{\partial U}{\partial X_3} = \int \frac{M_1 \mathrm{d}x}{EJ_1} \frac{\partial M_1}{\partial X_3} + \int \frac{M_2 \mathrm{d}x}{EJ_2} \frac{\partial M_2}{\partial X_3}$$

$F \rightarrow D$：

$$M_1 = X_3 + PX \qquad \text{所以} \qquad \frac{\partial M_1}{\partial X_3} = 1$$

$D \rightarrow E$：

$$M_2 = X_3 + \frac{PL_1}{2} \qquad \text{所以} \qquad \frac{\partial M_2}{\partial X_3} = 1$$

图 1-10　求 δ_{3P} 示意图

$$\delta_F = \frac{1}{EJ_1} \int_0^{\frac{L_1}{2}} (X_3 + PX) \mathrm{d}x + \frac{1}{EJ_2} \int_0^{\frac{L_2}{2}} \left(X_3 + \frac{PL_1}{2} \right) \mathrm{d}x$$

当 $X_3 = 0$ 时：

$$\delta_F = \frac{P}{EJ_1} \int_0^{\frac{L_1}{2}} X \mathrm{d}x + \frac{PL_1}{2EJ_2} \int_0^{\frac{L_2}{2}} \mathrm{d}x = \frac{PL_1^2}{8EJ_1} + \frac{PL_1 L_2}{4FJ_2}$$

由于刚架上面下面对称，单位外力也对称，所以：

$$\delta_{3p} = 2\delta_F = 2 \left(\frac{PL_1^2}{8EJ_1} + \frac{PL_1 L_2}{4EJ_2} \right) = \frac{PL_1^2}{2EJ_1} \left(\frac{1}{2} + K \right)$$

1.1.2.6　超静定力计算公式推导

从典型方程式中第二方程式可知:

$$X_2 = 0$$

从典型方程式中第一和第三方程式可知:

$$X_1 = \frac{-\delta_{3P} + \dfrac{\delta_{33}\delta_{13}}{\delta_{13}}}{\delta_{31} - \delta_{33}\dfrac{\delta_{11}}{\delta_{13}}}$$

$$= \frac{\dfrac{-PL_1^2}{2EJ_1}\left(\dfrac{1}{2} + K\right) + \dfrac{\dfrac{2L_1}{EJ_1}(1 + K)\left[-\dfrac{-PL_1^3}{2EJ_1}\left(\dfrac{5}{12} + K\right)\right]}{-\dfrac{L_1^2}{EJ_1}(1 + k)}}{-\dfrac{L_1^2}{EJ_1}(1 + K) - \dfrac{2L_1}{EJ_1}(1 + K)\dfrac{\dfrac{L_1^3}{EJ_1}\left(\dfrac{2}{3} + K\right)}{-\dfrac{L_1^3}{EJ_1}}(1 + K)} = \frac{P}{2} \quad (1\text{-}2)$$

从典型方程式中第一方程式可知:

$$X_3 = -\frac{\delta_{1P} + X_1\delta_{11}}{\delta_{13}} = \frac{-\dfrac{PL_1^3}{2EJ_1}\left(\dfrac{5}{12} + K\right) + \dfrac{P}{2}\dfrac{L_1^3}{EJ_1}\left(\dfrac{2}{3} + K\right)}{-\dfrac{L_1^2}{EJ_1}(1 + K)} = \frac{PL_1}{8(1 + K)} \quad (1\text{-}3)$$

1.1.3　闭口机架计算实例

1.1.3.1　已知条件

一个闭口式 1150mm 初轧架 (图 1-2), $P = 10.20$MN; $L_1 = 224$cm; $L_2 = 596$cm; $J_1 = 1.12×10^7$cm^4; $J_2 = 2.048×10^6$cm^4; 上横梁之断面面积 $F_1 = 8.697×10^3$cm^2; 立柱之断面面积 $F_2 = 8×10^3$cm; 横梁之断面模数 $W_1 = 1.86×10^5$cm^3; 立柱之断面模数 $W_2 = 1.3×10^5$cm^3; 轧辊直径 $D = 115$cm; $y = 23$cm; $b = 66$cm。

1.1.3.2　超静定力计算

由式 (1-1) 可得:

$$K = \frac{L_2 J_1}{L_1 J_2} = \frac{596 × 1.12 × 10^7}{224 × 2.048 × 10^6} = 14.5$$

由式 (1-2) 可得:

$$X_1 = \frac{P}{2} = \frac{1200000}{2} = 5100000\text{N}$$

由公式（1-3）可得：

$$X_3 = \frac{PL_1}{8(1 + K)} = \frac{10200000 \times 224}{8(1 + 14.5)} = 18430000\text{N} \cdot \text{cm}$$

1.1.3.3 断面应力计算

断面应力为垂直力产生的应力图（1-3）。

A Ⅰ-Ⅰ断面

（1）扭矩：

$$M_1 = X_3 - X_1(L_1 - b) + P\left(\frac{L_1}{2} - b\right) = 18430000 - 5100000(224 - 66) +$$

$$10200000(112 - 66) = -3181.7 \times 10^5\text{N} \cdot \text{cm}$$

（2）应力：

$$\sigma_1 = \frac{M_1}{W_1} = \frac{3181.7 \times 10^5}{1.86 \times 10^5} = 1710.6\text{N/cm}^2$$

（3）安全系数计算：

$$n_c = \frac{\sigma_b}{\sigma_1} = \frac{50000}{1710.6} = 29(\text{安全})$$

B Ⅱ-Ⅱ断面

（1）应力：

$$\sigma_2 = \frac{X_3}{W_2} + \frac{X_1}{F_2} = \frac{184.3 \times 10^5}{1.3 \times 10^5} + \frac{510 \times 10^3}{8 \times 10^3} = 780\text{N/cm}^2$$

（2）安全系数计算：

$$n_c = \frac{\sigma_b}{\sigma_2} = \frac{50000}{780} = 64(\text{安全})$$

1.1.4 开口斜楔式轧钢机架计算公式推导

开口斜楔式轧机的机架底部有斜角底机架（图1-11），在生产车间能降低轧钢机轧辊标高，这是很重要的优点。开口斜楔式轧钢机架，特别在轧机架有升降台时，如果轧制线太高会对整个车间均不利。很少见到三辊开口斜楔式是平底机架（图1-12）。现在在书上只有三辊开口斜楔式平底机架计算公式。实际设计中很少采用的开口斜楔式平底轧钢机架，本书对超静定力计算公式进行全面推导。斜角底及平底两种机架均有不同的超静定力计算公式，与两种机架底均有计算实例，计算结果可以进行比较。

图1-13和图1-14为斜角底机架上中辊轧制时机架受力情况分析。机架放斜

楔处，有垂直力作用 $\dfrac{P}{2}$ 时（图 1-14），则产生法向压应力 N，它的水平力 Q：

$$Q = \frac{P}{2}\tan\alpha$$

一般 $\alpha = 15°$，$\tan\alpha = \dfrac{1}{4}$ 时：

$$Q = 0.25\frac{P}{2}$$

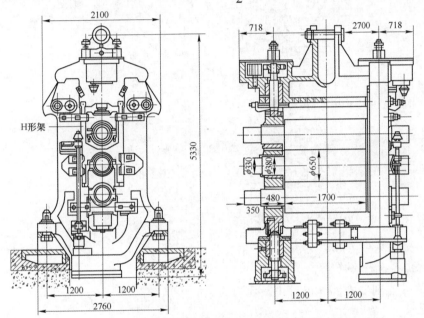

图 1-11　三辊开口斜楔式斜角底轧钢机

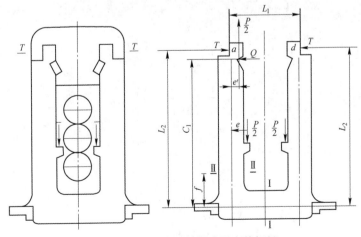

图 1-12　三辊开口斜楔式平底轧钢机

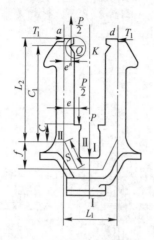

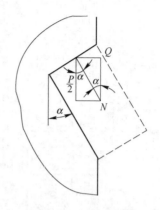

图 1- 13　上中辊轧制时机架受力情况　　　　图 1-14　K 部放大图

1.1.4.1　斜角底机架上中辊轧制时超静定力 T_1 公式推导

图 1-13 中取机架左面在外力作用下 a 点的位移如图 1-15 所示。

$$\delta_2 = \frac{\partial U}{\partial T} = \int \frac{M_1 \mathrm{d}_x}{EJ_2} \frac{\partial M_1}{\partial T} + \int \frac{M_2 \mathrm{d}_x}{EJ_2} \frac{\partial M_2}{\partial T} + \int \frac{M_3 \mathrm{d}x}{EJ_2} \frac{\partial M_3}{\partial T} +$$

$$\int \frac{M_4 \mathrm{d}x}{EJ_1} \frac{\partial M_4}{\partial T} + \int \frac{M_5 \mathrm{d}x}{EJ_1} \frac{\partial M_5}{\partial T}$$

从 a 点到 G 点离 a 点为 X 断面的扭矩：

$$M_1 = Tx \quad \text{所以} \quad \frac{\partial M_1}{\partial T} = x$$

从 G 点到 W 点离 G 点为 X 断面的扭矩：

$$M_2 = T(L_2 - C_1 + X) - QX - \frac{P}{2}e'$$

所以　$\dfrac{\partial M_2}{\partial T} = L_2 - C_1 + X$

从 W 点到 b 点离 W 点为 X 断面的扭矩：

$$M_3 = T(L_2 - C + X) - (C_1 - C + X) + \frac{P}{2}(e - e')$$

所以　$\dfrac{\partial M_3}{\partial T} = L_2 - C_1 + X$

从 b 点到 E 点离 b 点为 X 断面的扭矩：

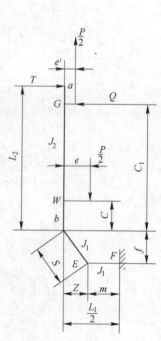

图 1-15　在外力作用下
a 点之位移

$$M_4 = T\left(L_2 + X\frac{f}{S}\right) - Q\left(C_1 + X\frac{f}{S}\right) + \frac{P}{2}(e - e') \qquad \text{所以} \qquad \frac{\partial M_4}{\partial T} = L_2 + \frac{Xf}{S}$$

从 E 点到 F 点离 E 点为 X 断面的扭矩:

$$M_5 = T(L_2 + f) - Q(C_1 + f) + \frac{P}{2}(e - e') \qquad \text{所以} \qquad \frac{\partial M_5}{\partial T} = L_2 + f$$

设:

$$m = \frac{L_1 - 2\sqrt{S^2 - f^2}}{2}$$

$$2m = L_1 - 2\sqrt{S^2 - f^2}$$

$$\delta_a = \frac{1}{EJ_2}\int_0^{L_2-C} TX^2 \,\mathrm{d}X +$$

$$\frac{1}{EJ_2}\int_0^{L-C}\left[T(L_2 - C_1 + X) - QX - \frac{P}{2}e'\right](L_2 - C_1 - X)\,\mathrm{d}X +$$

$$\frac{1}{EJ_2}\int_0^{C}\left[T(L_2 - C + X) - Q(C_1 + C + X) + \frac{P}{2}(e - e')\right](L_2 - C + X)\,\mathrm{d}X +$$

$$\frac{1}{EJ_1}\int_0^{S}\left[T\left(L_2 + X\frac{f}{S}\right) - Q\left(C_1 + X\frac{f}{S}\right) + \frac{P}{2}(e - e')\right]\left(L_2 + X\frac{f}{S}\right)\,\mathrm{d}X +$$

$$\frac{1}{EJ_1}\int_0^{m}\left[T(L_2 + f) - Q(C_1 + f) + \frac{P}{2}(e - e')\right](L_2 + f)\,\mathrm{d}X$$

当 $T=0$ 时:

$$\delta_a = \frac{-1}{EJ_2}\int_0^{C_1-C}\left[\left(QX + \frac{P}{2}e'\right)\right](L_2 - C_1 - X)\,\mathrm{d}X -$$

$$\frac{1}{EJ_2}\int_0^{C}\left[Q(C_1 + C + X) - \frac{P}{2}(e - e')\right](L_2 - C + X)\,\mathrm{d}X -$$

$$\frac{1}{EJ_1}\int_0^{s}\left[Q\left(C_1 + X\frac{f}{S}\right) + \frac{P}{2}(e - e')\right]\left(L_2 + X\frac{f}{S}\right)\,\mathrm{d}X -$$

$$\frac{1}{EJ_1}\int_0^{m}\left[Q(C_1 + f) - \frac{P}{2}(e - e')\right](L_2 + f)\,\mathrm{d}X$$

$$= -\frac{Pe'C_1}{2EJ_2}\left(L_2 - \frac{C_1}{2}\right) + \frac{PeC}{2EJ_2}\left(L_2 - \frac{C}{2}\right) +$$

$$\frac{P}{2EJ_1}(e - e')\left[S\left(L_2 - \frac{f}{2}\right) + 2m(L_2 + f)\right] -$$

$$\frac{Q}{E}\left[\frac{C_1^2}{2J_2}\left(L_2 - \frac{C_1}{3}\right) + \frac{S}{2J_1}\left(2C_1L_2 + fL_2 + C_1f + \frac{2f^2}{3}\right) + \frac{m}{J_1}(C_1 + f)(L_2 + f)\right]$$

由于机架左右面对称,外力也对称,所以整个机架在 P 力作用下 a、b 点的水平位移:

$$\delta_{1P1} = 2\delta_a = -\frac{Pe'C}{EJ_2}\left(L_2 - \frac{C_1}{2}\right) + \frac{PeC}{EJ_2}\left(L_2 - \frac{C}{2}\right) + \frac{P}{EJ_1}(e - e^1)\left[S\left(L_2 - \frac{f}{2}\right) + m(L_2 + f)\right] -$$

$$\frac{Q}{E}\left[\frac{C_1^2}{J_2}\left(L_2 - \frac{C_1}{3}\right) + \frac{S}{J_1}\left(2C_1L_2 + fL_2 + C_1f + \frac{2f^2}{3}\right) + \frac{1}{J_1}2m(C_1 + f)(L_2 + f)\right]$$

在单位力 $T = 1$ 时机架左面 a 点的水平位移 （图 1-16）：

$$\delta_a = \frac{\partial U}{\partial T} = \int \frac{M_1 d_x}{EJ_2}\frac{\partial M_1}{\partial T} + \int \frac{M_2 d_x}{EJ_1}\frac{\partial M_2}{\partial T} + \int \frac{M_3 d_x}{EJ_1}\frac{\partial M_3}{\partial T}$$

从 a 点到 b 点离 a 点为 X 断面的力矩：

$$M_1 = TX \quad \text{所以} \quad \frac{\partial M_1}{\partial T} = X$$

从 b 点到 E 点离 b 点为 X 断面的扭矩：

$$M_2 = T\left(L_2 + \frac{Xf}{S}\right) \quad \text{所以} \quad \frac{\partial M_2}{\partial T} = L_2 + \frac{Xf}{S}$$

从 E 点到 F 点离 E 点为 X 断面的扭矩：

$$M_3 = T(L_2 + f) \quad \text{所以} \quad \frac{\partial M_3}{\partial T} = L_2 + f$$

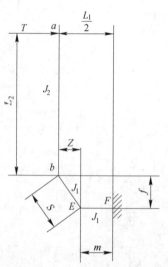

图 1-16　在 $T = 1$ 作用下 a 点的位移

$$\delta_a = \frac{1}{EJ_2}\int_0^{L_2} TX^2 dX + \frac{1}{EJ_1}\int_0^S T\left(L_2 + \frac{Xf}{S}\right)^2 dX + \frac{1}{EJ_1}\int_0^m T(L_2 + f)^2 dX$$

当 $T = 1$ 时：

$$\delta_a = \frac{1}{EJ_2}\int_0^{L_2} X^2 dx + \frac{1}{EJ_1}\int_0^S \left(L_2^2 + 2\frac{L_2Xf}{S} + \frac{f^2}{S^2}X^2\right)dx + \frac{1}{EJ_2}\int_0^m (L_2 + f)dx$$

$$= \frac{L_2^3}{3EJ_2} + \frac{S}{EJ_1}\left(L_2^2 + L^2f + \frac{f^2}{3}\right) + \frac{m}{EJ_1}(L_2 + f)^2$$

由于机架左右两面对称，外力也对称，所以在 T_1 等于力作用下整个机架 a、 D 点之水平位移：

$$\delta_{11} = 2\delta_a = \frac{2L_2^3}{3EJ_2} + \frac{2S}{EJ_1}\left(L_2^2 + L_2f + \frac{f^2}{3}\right) + \frac{2m}{EJ_1}(L_2 + f)^2$$

典型方程式：

$$T_1(\delta_{11} + \delta) + \delta_{1P1} = -\Delta$$

水平超静定力：

$$T_1 = \frac{-\delta_{1P1} - \Delta}{\delta_{11} + \delta}$$

$$\frac{Pe'C_1}{EJ_2}\left(L_2-\frac{C_1}{2}\right)-\frac{PeC}{EJ_2}\left(L_2-\frac{C}{2}\right)-\frac{P}{EJ_1}(e-e^1)\left[S\left(L_2-\frac{f}{2}\right)+m(L_2+f)\right]+$$

$$T_1=\cfrac{\cfrac{Q}{E}\left[\cfrac{C_1^2}{J_2^2}\left(L_2-\cfrac{C_1}{3}\right)+\cfrac{S}{J_1}\left(2C_1L_2+fL_2+C_1f+\cfrac{2f^2}{3}\right)+\cfrac{1}{J_1}2m(C_1+f)(L_2+f)\right]-\Delta}{\cfrac{2L_2^3}{3EJ_2}+\cfrac{2S}{EJ_1}\left(L_2^2+L_2f+\cfrac{f^2}{3}\right)+\cfrac{2m}{EJ_1}(L_2+f)^2+\cfrac{L_3}{EF_3}}$$

$$=\cfrac{\begin{array}{l}\cfrac{Pe'C_1}{J_2}\left(L_2-\cfrac{C_1}{2}\right)+\cfrac{PeC}{J_2}\left(L_2-\cfrac{C}{2}\right)-\cfrac{P}{J_1}(e-e^1)\left[S\left(L_2-\cfrac{f}{2}\right)+m(L_2+f)\right]+\\[2mm] Q\left[\cfrac{C_1^2}{J_2}\left(L_2-\cfrac{C_1}{3}\right)+\cfrac{S}{J_1}\left(2C_1L_2+fL_2+C_1f+\cfrac{2f^2}{3}\right)+\cfrac{1}{J_1}2m(C_1+f)(L_2+f)\right]-\Delta E\end{array}}{\cfrac{2L_2^3}{3J_2}+\cfrac{2S}{J_1}\left(L_2^2+L_2f+\cfrac{f^2}{3}\right)+\cfrac{2m}{J_1}(L_2+f)^2+\cfrac{L_3}{F_3}}$$

$$(1\text{-}4)$$

式中 e'——斜楔处力 $\dfrac{P}{2}$ 作用点与立柱中和线间之距离；

     C_1——Q 力与立根部连线间之距离；

     S——斜角底机架斜线长度；

     f——F 点与立柱根部连线间之距离；

     Q——斜楔处水平分力；

     Δ——机架与机架盖之空隙。

1.1.4.2 斜角底机架中下辊轧制时超静定力 T_2

图 1-17 所示为取机架左面在外力作用下 a 点的刚架位移（图 1-18）。

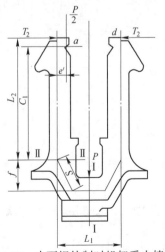
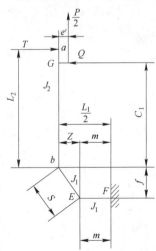

图 1-17 中下辊轧制时机架受力情况   图 1-18 在外力作用下 a 点之位移

$$\delta_a = \frac{\partial U}{\partial T} = \int \frac{M_1 \mathrm{d}x}{EJ_2}\frac{\partial M_1}{\partial T} + \int \frac{M_2 \mathrm{d}x}{EJ_2}\frac{\partial M_2}{\partial T} + \int \frac{M_3 \mathrm{d}x}{EJ_1}\frac{\partial M_3}{\partial T} + \int \frac{M_4 \mathrm{d}x}{EJ_1}\frac{\partial M_4}{\partial T}$$

设 $Z = \sqrt{S^2 - f^2}$

从 a 点到 G 点离 a 点距离为 x 断面的扭矩：

$$M_1 = TX \quad \text{所以} \quad \frac{\partial M_1}{\partial T} = x$$

从 G 点到 b 点离 G 点距离为 x 断面的扭矩：

$$M_2 = T(L_2 - C_1 + X) - \frac{P}{2}e' - QX \quad \text{所以} \quad \frac{\partial M_2}{\partial T} = L_2 - C_1 + X$$

从 b 点到 E 点离 b 点距离为 x 断面的扭矩：

$$M_3 = T\left(L_2 + X\frac{f}{S}\right) + \frac{P}{2}X\frac{Z}{S} - \frac{P}{2}e' - Q\left(C_1 + X\frac{f}{S}\right) \quad \text{所以} \quad \frac{\partial M_3}{\partial T} = L_2 + X\frac{f}{S}$$

从 E 点到 F 点离 E 点距离为 x 断面的扭矩：

$$M_4 = T(L_2 \times f) + \frac{P}{2}(Z + X) - \frac{P}{2}e' - Q(C_1 + f) \quad \text{所以} \quad \frac{\partial M_4}{\partial T} = L_2 + f$$

$$\delta_a = \frac{1}{EJ_2}\int_0^{L_2-C} Tx^2 \mathrm{d}x + \frac{1}{EJ_2}\int_0^{C_1}\left[T(L_2 - C_1 + X) - \frac{P}{2}e' - QX\right](L_2 - C_1 - X)\mathrm{d}x +$$

$$\frac{1}{EJ_1}\int_0^S\left[T\left(L_2 + X\frac{f}{S}\right) + \frac{P}{2}X\frac{Z}{S} - \frac{P}{2}e' - Q\left(C_1 + \frac{f}{S}\right)\right]\left(L_2 + X\frac{f}{S}\right)\mathrm{d}x +$$

$$\frac{1}{EJ_1}\int_0^m\left[T(L_2 + f) + \frac{P}{2}(Z + X) - \frac{P}{2}e' - Q(C_1 + f)\right](L_2 + f)\mathrm{d}x$$

当 $T = 0$ 时：

$$\delta_\alpha = -\frac{1}{EJ_2}\int_0^{C_1}\left[\frac{P}{2}e' - QX\right](L_2 - C_1 - X)\mathrm{d}x + \frac{1}{EJ_2}\int_0^S\left[\frac{P}{2}X\frac{Z}{S} - \frac{P}{2}e' - Q\left(C_1 + \frac{f}{S}\right)\right]\left(L_2 + X\frac{f}{S}\right)\mathrm{d}x +$$

$$\frac{1}{EJ_1}\int_0^m\left[\frac{P}{2}(Z + X) - \frac{P}{2}e' - Q(C_1 + f)\right](L_2 + f)\mathrm{d}X$$

$$= -\frac{Pe'}{2E}\left[\frac{C_1}{J_2}\left(L_2 - \frac{C_1}{2}\right) + \frac{S}{J_1}\left(L_2 + \frac{f}{2}\right) + \frac{m}{J_1}(L_2 + f)\right] -$$

$$\frac{Q}{2E}\left[\frac{C_1^2}{J_2}\left(L_2 - \frac{C_1}{3}\right) + \frac{S}{J_1}\left(2C_1L_2 + C_1f + L_2f + \frac{2f^2}{3}\right) + \frac{C_1 + f}{J_1}(L_2 + f)2m\right] +$$

$$\frac{P}{2E}\left[\frac{S}{6J_1}Z(3L_2 + 2f) + \frac{L_2 + f}{2J_1}m\left(Z - \frac{m}{2}\right)\right]$$

由于机架左右两面对称，外力也对称，所以整个机架 a、D 点的水平变位：

$$\delta_{1P2} = 2\delta_a = -\frac{Pe'}{E}\left[\frac{C_1}{J_2}\left(L_2 - \frac{C_1}{2}\right) + \frac{S}{J_1}\left(J_2 + \frac{f}{2}\right) + \frac{m}{J_1}(L_2 + f)\right] -$$

$$\frac{Q}{E}\left[\frac{C_1^2}{J_2}\left(L_2 - \frac{C_1}{3}\right) + \frac{S}{J_1}\left(2C_1L_2 + C_1f + L_2f + \frac{2f^2}{3}\right) + \frac{C_1 + f}{J_1}(L_2 + f)2m\right] +$$

$$\frac{P}{E}\left[\frac{S}{6J_1}Z(3L_2 + 2f) + \frac{L_2 + f}{2J_1}m\left(Z - \frac{m}{2}\right)\right]$$

典型方程式:

$$T_2(\delta_{11} + \delta) + \delta_{1P2} = -\Delta$$

水平超静定力:

$$T_2 = \frac{-\delta_{1P2} - \Delta}{\delta_{11} + \delta}$$

$$T_2 = \frac{\begin{aligned}&\frac{Pe'}{E}\left[\frac{C_1}{J_2}\left(L_2 - \frac{C_1}{2}\right) + \frac{S}{J_1}\left(L_2 + \frac{f}{2}\right) + \frac{1}{J_1}(L_2 + f)m\right] +\\ &\frac{Q}{E}\left[\frac{C_1^2}{J_2}\left(L_2 - \frac{C_1}{3}\right) + \frac{S}{J_1}\left(2C_1J_2 + C_1f + L_2f + \frac{2f^2}{3}\right) + \frac{C_1 + f}{J_1}(L_2 + f)2m\right] +\\ &\frac{P}{E}\left[\frac{S}{6J_1}Z(3L_2 + 2f) + \frac{L_2 + f}{J_1}m\left(Z - \frac{m}{2}\right)\right] - \Delta\end{aligned}}{\frac{2L_2^3}{3EJ_2} + \frac{2S}{EJ_1}\left(L_2^2 + L_2f + \frac{f^2}{3}\right) + \frac{2m}{EJ_1}(L_2 + f)^2 + \frac{L_3}{EF_3}}$$

$$= \frac{\begin{aligned}&Pe'\left[\frac{C_1}{J_2}\left(L_2 - \frac{C_1}{2}\right) + \frac{S}{J_1}\left(L_2 + \frac{f}{2}\right) + \frac{1}{J_1}(L_2 + f)m\right] +\\ &\frac{Q}{2}\left[\frac{C_1^2}{J_2}\left(L_2 - \frac{C_1}{3}\right) + \frac{S}{J_1}\left(2C_1J_2 + C_1f + L_2f + \frac{2f^2}{3}\right) + \frac{C_1 + f}{J_1}(L_2 + f)2m\right] +\\ &\frac{P}{2}\left[\frac{S}{6J_1}Z(3L_2 + 2f) + \frac{L_2 + f}{J_1}m\left(Z - \frac{m}{2}\right)\right] - \Delta E\end{aligned}}{\frac{2L_2^3}{3J_2} + \frac{2S}{J_1}\left(L_2^2 + L_2f + \frac{f^2}{3}\right) + \frac{2m}{J_1}(L_2 + f)^2 + \frac{L_3}{F_3}} \quad (1\text{-}5)$$

1.1.4.3 平底机架上中辊轧制时超静定力 T_3 演变

平底机架轧制时受力情况(图 1-12),如式(1-4)中 $S=0$,$f=0$ 时,可得:

$$T_3 = \frac{\frac{Pe'C_1}{J_2}\left(L_2 - \frac{C_1}{2}\right) - \frac{PeC}{J_2}\left(L_2 - \frac{C}{2}\right) - \frac{P}{2J_1}(e-e')L_1L_2 + Q\left[\frac{C_1^2}{J_2}\left(L_2 - \frac{C_1}{3}\right) + \frac{L_1L_2C_1}{J_1}\right] - E\Delta}{\frac{2}{3}\frac{L_2^3}{J_2} + \frac{L_1L_2^2}{J_1} + \frac{L_3}{F_3}}$$

$$= \frac{\frac{P}{J_2}\left[e'C_1\left(L_2 - \frac{C_1}{2}\right) - eC\left(L_2 - \frac{C_1}{2}\right)\right] - \frac{PL_1L_2}{2J_2}(e-e') + Q\left[\frac{C_1^2}{J_2}\left(L_2 - \frac{C_1}{3}\right) + \frac{L_1L_2C_1}{J_1}\right] - E\Delta}{\frac{2}{3}\frac{L_2^3}{J_2} + \frac{L_1L_2^2}{J_1} + \frac{L_3}{F_3}}$$

$$(1\text{-}6)$$

1.1.4.4 平底机架中下辊轧制时超静定力 T_4 演变

平底机架轧制时受力情况（图 1-12），如式（1-5）中 $S=0$，$f=0$ 时，可得：

$$T_4 = \cfrac{Pe'\left[\dfrac{C_1}{J_2}\left(L_2-\dfrac{C_1}{2}\right)+\dfrac{L_1L_2}{2J_1}\right]+Q\left[\dfrac{C_1^2}{J_2}\left(L_2-\dfrac{C_1}{3}\right)+\dfrac{L_1L_2C_1}{J_1}\right]-P\dfrac{L_1^2L_2}{8J_1}-E\Delta}{\dfrac{2}{3}\dfrac{L_2^3}{J_2}+\dfrac{L_1L_2^3}{J_1}+\dfrac{L_3}{F_3}}$$

$$= \cfrac{\dfrac{P_1}{J_1}\left[\dfrac{J_1}{J_2}e'C_1\left(L_2-\dfrac{C_1}{2}\right)+\dfrac{L_1L_2e'}{2}-\dfrac{L_1^2L_2}{8}\right]+Q\left[\dfrac{C_1^2}{J_2}\left(L_2-\dfrac{C_1}{3}\right)+\dfrac{L_1L_2C_1}{J_1}\right]-E\Delta}{\dfrac{2}{3}\dfrac{L_2^3}{J_2}+\dfrac{L_1L_2^2}{J}+\dfrac{L_3}{F_3}}$$

$$(1\text{-}7)$$

1.1.5 开口斜楔式轧机机架计算实例

1.1.5.1 已知条件

一个三辊开口斜楔式轧机，一个机架负担之最大轧制力 $P=2\mathrm{MN}$；$J_1=865670\mathrm{cm}^4$；$J_2=365423\mathrm{cm}^4$；$e'=30\mathrm{cm}$；$e=40\mathrm{cm}$；$\Delta=0.1\mathrm{cm}$；$L_3=130\mathrm{cm}$；$F_3=1994\mathrm{cm}^2$；$L_1=130\mathrm{cm}$；$E=21\times10^6\mathrm{N/cm}^2$；机架下横梁之断面模数 $W_1=22550\mathrm{cm}^3$；机架下横梁之断面面积 $F_1=2064\mathrm{cm}^2$；机架立柱之断面模数 $W_2=1083\mathrm{cm}^3$；机架立柱之断面面积 $F_2=1358\mathrm{cm}^2$；$Z=35\mathrm{cm}$；$Q=0.5\dfrac{P}{2}=250000\mathrm{N}$；$L_1=130\mathrm{cm}$；$m=30\mathrm{cm}$；$L_2+f=321\mathrm{cm}$；$C_1+f=280\mathrm{cm}$；$S=61\mathrm{cm}$；$f=50\mathrm{cm}$；$L_2=271\mathrm{cm}$；$C=75\mathrm{cm}$；$C_1=230\mathrm{cm}$。

下横梁形式不同，尺寸也不同，见表 1-1。

表 1-1 下横梁不同形式尺寸

形 式	S/cm	f/cm	L_2/cm	C/cm	C_1/cm
斜角底机架	61	50	271	75	230
平底机架	0	0	321	125	280

1.1.5.2 超静定力计算

（1）斜角底机架上中辊轧制时（图 1-13），代入式（1-4）：

$$\frac{2\times10^6\times30\times230}{365423}\left(271-\frac{230}{2}\right)-\frac{2\times10^6\times40\times75}{365423}\left(271-\frac{75}{2}\right)-\frac{2\times10^6}{865670}(40-30)\times\left[61\left(271-\frac{50}{2}\right)+30(271+50)\right]+$$

$$2.5\times10^5\left[\frac{230^2}{365423}\left(272-\frac{330}{3}\right)+\frac{61}{865670}\left(2\times230\times271+50\times271+230\times50+\frac{2\times50^2}{3}\right)+\frac{2\times30}{865670}(230+50)(271+50)\right]-$$

$$T_1=\frac{0.1\times21\times10^6}{\dfrac{2\times271^3}{3\times365423}+\dfrac{2\times61}{865670}\left(271^2+271\times50+\dfrac{50^2}{3}\right)+\dfrac{60\times321^2}{865670}+\dfrac{130}{1994}}$$

$= 182000\text{N}$

（2）斜角底机架中下辊轧制时（图 1-13），代入式（1-5）：

$$2\times10^6\times30\left[\frac{230}{3656423}\left(271-\frac{230}{2}\right)+\frac{61}{865670}\left(271+\frac{50}{2}\right)+\frac{1}{865670}(271+50)\times30\right]+$$

$$2500000\left[\frac{230^2}{365423}\left(271-\frac{230}{2}\right)+\frac{61}{865670}\left(\begin{array}{c}2\times230\times271+230\times50+\\271\times50+\dfrac{2\times50^2}{3}\end{array}\right)+\frac{230+50}{865670}(271+50)\,2\times30\right]-$$

$$T_2=\frac{2\times10^6\left[\dfrac{61\times35}{6\times865670}(3\times271+2\times50)+\dfrac{(271+50)\times30}{865670}\left(35-\dfrac{60}{4}\right)\right]-0.1\times21\times10^6}{\dfrac{2\times271^3}{3\times365423}+\dfrac{2\times61}{865670}\left(271^2+271\times50+\dfrac{50^2}{3}\right)+\dfrac{60\times321^2}{865670}+\dfrac{130}{1994}}$$

$= 282000\text{N}$

（3）平底机架中上辊轧制时（图 1-12），代入式（1-6）：

$$T_3=\frac{\dfrac{2\times10^6}{365423}\left[280\times30\left(321-\dfrac{280}{2}\right)-125\times40\left(321-\dfrac{125}{2}\right)\right]-\dfrac{2\times10^6\times130\times321}{2\times865670}\times(40-30)+}{\dfrac{2\times321^2}{3\times365423}+\dfrac{321^2\times130}{865670}+\dfrac{130}{1994}}$$

$$250000\left[\dfrac{280^2}{365423}\left(321-\dfrac{280}{3}\right)+\dfrac{130\times121\times280}{865670}\right]-0.1\times21\times10^6$$

$= 183000\text{N}$

（4）平底机架中下辊轧制时（图 1-12），代入式（1-7）：

$$T_4=\frac{\dfrac{2\times10^6}{865670}\left[\dfrac{865670}{365423}\times280\times30\left(320-\dfrac{280}{2}\right)+\dfrac{130\times321}{2}\times30-\dfrac{139^2\times321}{8}\right]+}{\dfrac{2}{3}\times\dfrac{321^2}{365423}+\dfrac{321^2\times130}{865670}+\dfrac{130}{1994}}$$

$$25000\left[\dfrac{280^2}{365423}\left(321-\dfrac{280}{3}\right)+\dfrac{280\times321\times130}{865670}\right]-0.1\times21\times10^6$$

$= 285000\text{N}$

从上面超静定力计算看出，斜角底机架与平角底机架，超静定力 T_1 与 T_3 及 T_2 与 T_4 超静定力很近似，为了简化计算，斜角底机架可以按平角底机架计算式 (1-6) 及式 (1-7) 计算超静定力。

斜角底机架立柱中和线长度 $L_2 + f = 271 + 50 = 321\text{cm}$，321cm 既是平底机架立柱中和线长度 L_2 及斜角底机架立柱中和线长度 $L_1 = (Z + m) \times 2 = (35 + 30) \times 2 = 130\text{cm}$；130cm 为平底机架下横梁中和线长度 L_1。斜角底机架如果用平底机架计算超静定力时，将前面新确定 $L_1 = 130\text{cm}$、$L_2 = 321\text{cm}$ 输入平底机架超静定力计算公式 T_3、T_4 即可。

1.1.5.3　断面应力计算

用平底式机架超静定力 T_3、T_4 计算断面应力（图 1-12）。

A　平底机架上中辊轧制时

I-I 断面：

扭矩：

$$M_1 = T_3 L_2 + \frac{Pe}{2} - QC_1 - \frac{P}{2}e'$$

$$= 183000 \times 321 + \frac{2000000}{2} \times 40 - 250000 \times 280 - \frac{2000000 \times 30}{2}$$

$$= 1300000\text{N} \cdot \text{cm}$$

应力：

$$\sigma_1 = \frac{M_1}{W_1} + \frac{Q - T_3}{F_1} = \frac{1300000}{22550} + \frac{250000 - 183000}{2064} = 100\text{N/cm}^2$$

II-II 断面：

扭矩：

$$M_2 = T_3(L_2 - f) - Q(C_1 - f) - \frac{P}{2}e' + \frac{P}{2}e$$

$$= 183000(321 - 50) - 250000(280 - 50) - \frac{2000000}{2} \times 30 + \frac{2000000}{2} \times 40$$

$$= 2100000\text{N} \cdot \text{cm}$$

应力：

$$\sigma_2 = \frac{M_2}{W_2} + \frac{P}{2F_2} = \frac{2100000}{10830} + \frac{2000000}{2 \times 1358} = 930\text{N/cm}^2$$

B　平底机架下中辊轧制时

I-I 断面：

扭矩：

$$M_1 = \frac{P}{4}L_1 + T_4 L_2 - QC_1 - \frac{P}{2}e'$$

$$= \frac{2000000}{4} \times 130 + 285000 \times 321 - 250000 \times 280 - \frac{2000000}{2} \times 30$$

$$= 56500000 \text{N} \cdot \text{cm}$$

应力：

$$\sigma_1 = \frac{M_1}{W_1} + \frac{T_4 - Q}{F_1} = \frac{56500000}{22550} + \frac{285000 - 250000}{2064} = 2530 \text{N/cm}^2$$

Ⅱ-Ⅱ断面：

扭矩：

$$M_2 = T_4(L_2 - f) - Q(C_1 - f) - \frac{P}{2}e'$$

$$= 285000(321 - 20) - 250000(280 - 50) - \frac{2000000}{2} \times 30$$

$$= 10400000 \text{N} \cdot \text{cm}$$

应力：

$$\sigma_2 = \frac{M_2}{W_2} + \frac{P}{2F_2} = \frac{10400000}{10830} + \frac{2000000}{2 \times 1358} = 1700 \text{N/cm}^2$$

1.1.6 轧钢机架材料及设计时安全系数

轧钢机架通常用铸钢铸造，以采用其 ZG35 铸钢，有时也用 ZG25 铸钢，但不宜采用碳含量过高的高强度材料如中碳及高碳钢，避免应力集中机架产生裂纹。在设计时对铸造要有严格要求，因为机架太大又长，一不注意在机架内部会产生很大气孔，应避免其发生。机架铸件的力学性能应该达到：机架材料的强度极限 $\sigma_b \geqslant 500\text{MPa}$；机架材料的屈服极限 $\sigma_s \geqslant 250\text{MPa}$；延伸系数 $\delta \geqslant 15\%$。

现在计算轧钢机架安全系数的设计方法，外力轧制力 P 是静负荷，所以计算出来的应力也可以说静应力。实际轧钢过程中，从空转到咬钢是冲击负荷，而频繁冲击负荷比静负荷大得多。而实际上可能有轧件不正确地进入轧辊，因此轧钢机架中轧制力经常非常大，能引起断辊。断辊情况虽然较少发生，但是在轧钢过程中却无法避免，所以轧钢机架的强度应该使轧辊上轧制力过分地增高断辊时，而不引起机架残余变形或破裂。因此机架中安全系数应该比轧辊大得多，要在轧辊断裂时机架中应力小于机架材料的屈服极限。如轧辊的安全系数为 n_B，机架的安全系数 n_c，在轧钢机设计中，还是考虑使用多年老安全系数，轧辊安全系数 $n_B = 12.5 \sim 15$，则机架安全系数 $n_c \geqslant 20$：

$$n_c \geqslant n_B \frac{\sigma_b}{\sigma_s} = 10 \times \frac{5000}{2500} = 20$$

1.2　轧钢机架中的 H 形架计算

　　新式开口式机架，如：斜楔式三辊轧机均采用 H 形架（图 1-11），机架取消支承轴承用的上凸台。换辊时轧辊轴承可以在机架窗口上面垂直吊出。调整中辊也较方便。但由于 H 形架放在轧钢机架内受位置限制其断面尺寸不能过大，所以 H 形架应力大，需要用合金钢材料制造。也要进行详细计算。在轧辊直径 250mm 以下轧钢机的轧辊轴承座可用人工从机架侧面窗口水平抽出挺方便，所以就没有必要采用 H 形架。

1.2.1　计算公式基本推导

　　公式中所用的符号：

Δ_1——H 形架与机架间的空隙；

Δ_2——H 形架与轴承间的空隙；

h_1——H 形架横梁中和线长度；

h_2——H 形架上腿中和线长度；

h_3——H 形架下腿中和线长度；

J_1——H 形架横梁的惯性矩；

J_2——H 形架上腿的惯性矩；

J_3——H 形架下腿的惯性矩；

P——一个 H 架负担的最大轧制力。

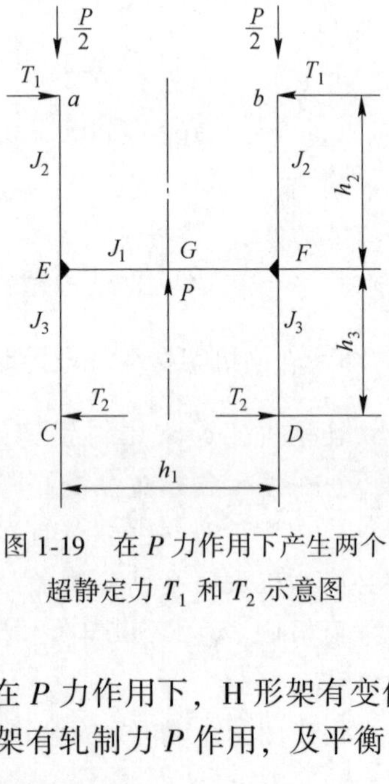

图 1-19　在 P 力作用下产生两个超静定力 T_1 和 T_2 示意图

　　图 1-11 机架中的 H 形架按中和线画出一个中间固接的刚架（图 1-19）。计算两次超静定力 T_1 和 T_2。用"正则方程"确定典型方程式，所以在 P 力作用下，H 形架有变位移$-\Delta_1$ 及$-\Delta_2$。只是在中下辊轧钢时，才有对 H 形架有轧制力 P 作用，及平衡 P 力的两个 $\frac{P}{2}$ 力作用由（图 1-19）组成下列典型方程式：

$$T_1\delta_{11} + T_2\delta_{12} + \delta_{1P} = -\Delta_1$$
$$T_1\delta_{21} + T_2\delta_{22} + \delta_{2P} = -\Delta_2$$

1.2.1.1　求 δ_{11}

　　δ_{11} 为在 $T_1 = 1$ 力作用下，在 T_1 力方向上的位移（图 1-20）。

$$\delta_a = \frac{\partial u}{\partial T} = \int \frac{M_1 \mathrm{d}X}{EJ_2} \frac{\partial M_1}{\partial T} + \int \frac{M_2 \mathrm{d}X}{EJ_1} \frac{\partial M_2}{\partial T_2}$$

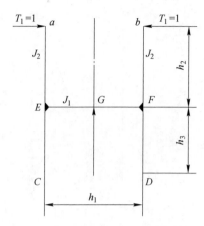

图 1-20　在 $T_1 = 1$ 力作用下，T_1 方向位移

$a \rightarrow E$：

$$M_1 = T_1 X \qquad 所以 \qquad \frac{\partial M_1}{\partial T_1} = X$$

$E \rightarrow G$：

$$M_2 = T_1 h_2 \qquad 所以 \qquad \frac{\partial M_2}{\partial T_1} = h_2$$

$$\delta_a = \frac{1}{EJ_2} \int_0^{h_2} T_1 X^2 \mathrm{d}x + \frac{1}{EJ_1} \int_0^{\frac{h_1}{2}} T h^2 \mathrm{d}x$$

$T_1 = 1$ 时：

$$\delta_a = \frac{1}{EJ_2} \int_0^{h_2} X_2^2 \mathrm{d}x + \frac{1}{EJ_1} \int_0^{\frac{h_1}{2}} h_2^2 \mathrm{d}X$$

$$= \frac{h_2^3}{3EJ_2} + \frac{h_1 h_2^2}{2EJ_1}$$

由于刚架左右两边对称，单位外力也对称，所以：

$$\delta_{11} = 2\delta_a = \frac{2h_2^3}{3EJ_2} + \frac{h_1 h_2^2}{EJ_1} = \frac{h_1 h_2^2}{EJ_1} \left(\frac{2}{3} K_1 + 1 \right)$$

式中，$K_1 = \dfrac{h_2 J_1}{h_1 J_2}$。

1.2.1.2　求 δ_{22}

δ_{22} 为在 $T_2 = 1$ 力作用下，在 T_2 力方向上的位移（图 1-21）。

$$\delta_C = \frac{\partial u}{\partial T_2} = \int \frac{M_1 \mathrm{d}X}{EJ_3} \frac{\partial M_1}{\partial T_2} + \int \frac{M_2 \mathrm{d}X}{EJ_1} \frac{\partial M_2}{\partial T_2}$$

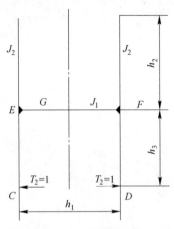

图 1-21 在 $T_2 = 1$ 力作用下，T_2 方向位移

$C \rightarrow E$：

$$M_1 = T_2 X \quad \text{所以} \quad \frac{\partial M_1}{\partial T_2} = X$$

$E \rightarrow G$：

$$M_2 = T_2 h_3 \quad \text{所以} \quad \frac{\partial M_2}{\partial T_2} = h_3$$

$$\delta_C = \frac{1}{EJ_3} \int_0^{h_3} T_2 X^2 \mathrm{d}X + \frac{1}{EJ_1} \int_0^{\frac{h_1}{2}} T_2 h_3^2 \mathrm{d}X$$

当 $T_2 = 1$ 时：

$$\delta_C = \frac{1}{EJ_3} \int_0^{h_3} X^2 \mathrm{d}X + \frac{1}{EJ_1} \int_0^{\frac{h_1}{2}} h_3^2 \mathrm{d}X = \frac{h_3^3}{3EJ_3} + \frac{hh_3^2}{2EJ_1}$$

由于刚架左右两边对称，单位外力也对称，所以：

$$\delta_{22} = 2\delta_C = \frac{2h_3^2}{3EJ_3} + \frac{h_1 h_3^2}{EJ_1} = \frac{h_1 h_3^2}{EJ_1}\left(\frac{2}{3}k_2 + 1\right)$$

式中，$k_2 = \dfrac{h_3 J_1}{h_1 J_3}$。

1.2.1.3 求 δ_{12} 及 δ_{21}

δ_{12} 为在 $T_1 = 1$ 力作用下，在 T_2 力方向上的位移；δ_{21} 为在 $T_2 = 1$ 力作用下，在 T_1 力方向上的位移（图 1-22）。

$$\delta_{12} = \delta_{21} = 2\int \frac{M_1 \mathrm{d}X}{EJ_1} \frac{\partial M_1}{\partial T_1}$$

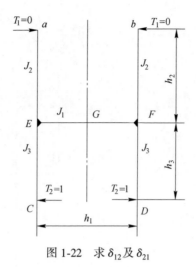

图 1-22 求 δ_{12} 及 δ_{21}

$E \rightarrow G$：$M_1 = T_1 h_2 + T_2 h_3$ 所以 $\dfrac{\partial M_1}{\partial T_1} = h_2$

$$\delta_{12} = \delta_{21} = \frac{2}{EJ_1} \int_0^{\frac{h_1}{2}} (T_1 h_2 + T_2 h_3) h_3 \, dX$$

当 $T_1 = 0$，$T_2 = 1$ 时：

$$\delta_{12} = \delta_{21} = \frac{2}{EJ_1} \int_0^{\frac{h_1}{2}} h_2 h_3 \, dX = \frac{1}{EJ_1} h_1 h_2 h_3$$

1.2.1.4 求 δ_{1P}

δ_{1P} 为在 P 力作用下，在 T_1 力方向上的位移（图 1-23）。

$$\delta_{1P} = 2 \left(\int \frac{M_1 dX}{EJ_2} \frac{\partial M_2}{\partial T_1} + \int \frac{M_2 dX}{EJ_1} \frac{\partial X_2}{\partial T} \right)$$

$a \rightarrow E$：

$$M_1 = T_1 X \quad \text{所以} \quad \frac{\partial M_1}{\partial T_1}$$

$E \rightarrow G$：

$$M_2 = T_1 h_2 - \frac{P}{2} X \quad \text{所以} \quad \frac{\partial M_1}{\partial T_1} h_2$$

$$\delta_{1P} = 2 \left[\frac{1}{EJ_2} \int_0^{h_2} T_1 X^2 \, dX + \frac{1}{EJ_1} \left(\int_0^{\frac{h_1}{2}} \left(T_1 h_2 - \frac{P}{2} X \right) \right) h_2 \, dX \right]$$

当 $T_1 = 0$ 时：

$$\delta_{1P} = 2\frac{-P}{2EJ_1}h_2\int_0^{\frac{h_1}{2}} X\mathrm{d}X = -\frac{Ph_1^2 h_2}{8EJ_1}$$

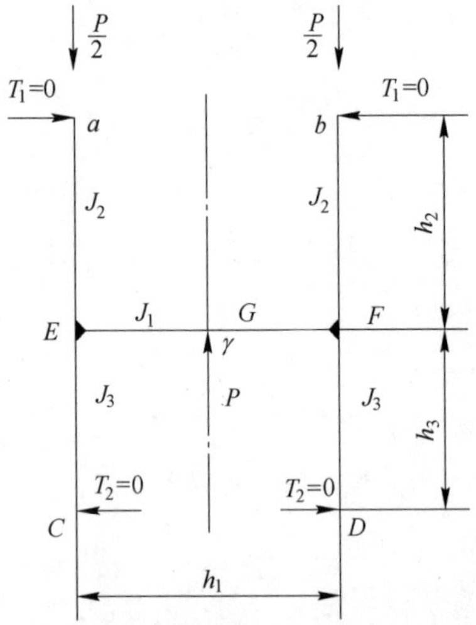

图 1-23　在 P 力作用下，T_1 力及 T_2 力方向位移

1.2.1.5　求 δ_{2P}

δ_{2P} 为 P 力作用下，在 T_2 力方向上的位移（图 1-23）。

$$\delta_{2P} = 2\left(\int \frac{M_1\mathrm{d}X}{EJ_3}\frac{\partial M_1}{\partial T_2} + \int \frac{M_2\mathrm{d}X}{EJ_2}\frac{\partial M_2}{\partial T}\right)$$

$C \rightarrow E$：

$$M_1 = T_2 X \quad 所以 \quad \frac{\partial M_1}{\partial T_1} = X$$

$E \rightarrow G$：

$$M_2 = T_2 h_2 - \frac{P}{2}X \quad 所以 \quad \frac{\partial M_2}{\partial T_2} = h_3$$

$$\delta_{2P} = 2\left[\frac{1}{EJ_3}\int_0^{h_3} T_2 X^2\mathrm{d}X + \frac{1}{EJ_1}\int_0^{\frac{h_1}{2}}\left(T_2 h_3 - \frac{p}{2}X\right)h_3\mathrm{d}X\right]$$

当 $T_2 = 0$ 时：

$$\delta_{2P} = 2\frac{-P}{2EJ_1}h_3\int_0^{\frac{h_1}{2}} X\mathrm{d}X = -\frac{Ph_1^2 h_3}{8EJ_1}$$

1.2.2 超静定力计算公式推导

将 1.2.1 节计算的各值代入典型方程式，消去 $\dfrac{h_1}{EJ_1}$：

$$T_1 h_2^2 \left(\frac{2}{3} k_1 + 1 \right) + T_2 h_2 h_3 = \frac{Ph_1 h_2}{8} - \Delta_1 \frac{EJ_1}{h_1}$$

$$T_1 h_2 h_3 + T_2 h_2^3 \left(\frac{2}{3} k_2 + 1 \right) = \frac{Ph_1 h_3}{8} - \Delta_2 \frac{EJ_1}{h_1}$$

解联立方程式得：

$$T_1 = \frac{0.75 Ph_1 h_2 h_3 k_2 + 3 \dfrac{EJ_1}{h_1} [3\Delta_2 h_2 - \Delta_1 h_3 (2k_2 + 3)]}{h_2^2 h_3 [(2k_1 + 3)(2k_2 + 3) - 9]} \tag{1-8}$$

$$T_2 = \frac{0.75 Ph_1 h_2 h_3 k_1 + 3 \dfrac{EJ_1}{h_1} [3\Delta_1 h_3 - \Delta_2 h_2 (2k_1 + 3)]}{h_2^2 h_3 [(2k_1 + 3)(2k_2 + 3) - 9]} \tag{1-9}$$

当 H 形架与轧钢机架空隙 Δ 不大时为了简化计算，假设空隙等于零，即式 (1-8) 和式 (1-9) 中 $\Delta_1 = 0$、$\Delta_2 = 0$ 代入式 (1-8) 和式 (1-9)，公式简化如下：

$$T_1' = \frac{0.75 Ph_1 h_2 h_3 k_2}{h_2^2 h_3 [(2k_1 + 3)(2k_2 + 3) - 9]}$$
$$= \frac{0.75 Ph_1 k_2}{h_2 [(2k_1 + 3)(2k_2 + 3) - 9]} \tag{1-10}$$

$$T_2' = \frac{0.75 Ph_1 h_2 h_3 k_1}{h_2 h_2^2 [(2k_1 + 3)(2k_2 + 3) - 9]}$$
$$= \frac{0.75 Ph_1 k_1}{h_3 [(2k_1 + 3)(2k_2 + 3) - 9]} = T_1' \frac{h_2 k_1}{h_3 k_2} \tag{1-11}$$

1.2.3 计算实例

1.2.3.1 已知条件

验算 H 形架，$P = 750000\text{N}$；$h_1 = 38\text{cm}$；$h_2 = 40\text{cm}$；$h_3 = 30\text{cm}$；$J_1 = 648\text{cm}^4$；$J_2 = 312\text{cm}^4$；$J_3 = 312\text{cm}^4$；H 形架横梁断面模数 $W_1 = 216\text{cm}^3$；H 形架上腿断面模数 $W_2 = 125\text{cm}^3$；H 形架下腿断面模数 $W_3 = 125\text{cm}^3$；H 形架横梁断面面积 $f_1 = 208\text{cm}^2$；H 形架上腿断面面积 $f_2 = 130\text{cm}^2$；中辊轴承与 H 形架横梁接触长 $b = 20\text{cm}$；$\Delta_1 = 0.003\text{cm}$；$\Delta_2 = 0.004\text{cm}$。

1.2.3.2 超静定力计算

超静定力计算过程如下：

$$k_1 = \frac{h_2 J_1}{h_1 J_2} = \frac{40 \times 648}{38 \times 312} = 2.18$$

$$k_2 = \frac{h_3 J_1}{h_1 J_3} = \frac{30 \times 648}{38 \times 312} = 1.64$$

由式（1-8）可得：

$$T_1 = \frac{0.75 \times 750000 \times 38 \times 40 \times 30 \times 1.64 + 3\dfrac{2.2 \times 10^6 \times 648}{38}\left[3 \times 0.004 \times 40 - 0.003 \times 30(2 \times 1.64 + 3)\right]}{40^2 \times 30\left[(2 \times 2.18 + 3)(2 \times 1.64 + 3) - 9\right]}$$

$$= 23500\text{N}$$

由式（1-9）可得：

$$T_2 = \frac{0.75 \times 750000 \times 38 \times 40 \times 2.18 + 3\dfrac{2.2 \times 10^6 \times 648}{38}\left[3 \times 0.0003 \times 30 - 0.004 \times 40(2 \times 2.18 + 3)\right]}{40^2 \times 30\left[(2 \times 2.18 + 3)(2 \times 1.64 + 3) - 9\right]}$$

$$= 41500\text{N}$$

由式（1-10）可得：

$$T_1' = \frac{0.75 \times 750000 \times 38 \times 1.64}{40\left[(2 \times 2.18 + 3)(2 \times 1.64 + 3) - 9\right]} = 23600\text{N}$$

由式（1-11）可得：

$$T_2' = 2360\frac{40 \times 2.18}{30 \times 1.64} = 41700\text{N}$$

1.2.3.3 应力计算（按假设空隙 Δ 等于零简化计算）

（1）横梁中间断面：

扭矩：

$$M_1 = \frac{P}{4}\left(h_1 - \frac{b}{2}\right) - T_1' h_2 - T_2' h_3$$

$$= \frac{750000}{4}\left(38 - \frac{20}{2}\right) - 2360 \times 40 - 4170 \times 30 = 3060000\text{N} \cdot \text{cm}$$

弯曲应力：

$$\sigma_1 = \frac{M_1}{W_1} = \frac{3060000}{216} = 14130\text{N/cm}^2$$

剪应力：

$$\tau_1 = \frac{P}{2f} = \frac{750000}{2 \times 208} = 1800\text{N/cm}^2$$

合成应力:

$$\sigma_n = \sqrt{\sigma_1^2 + 3\tau_1^2} = \sqrt{14130^2 + 3 \times 1800^2} = 14500 \text{N/cm}^2$$

（2）上腿根部断面:

扭矩:

$$M_2 = T_1' h_2 = 23600 \times 40 = 940000 \text{N} \cdot \text{cm}$$

应力:

$$\sigma_2 = \frac{M_2}{W_2} + \frac{P}{2f_2} = \frac{940000}{125} + \frac{750000}{2 \times 130} = 10405 \text{N/cm}^2$$

（3）下腿根部断面:

扭矩:

$$M_3 = T_2' h_3 = 41700 \times 30 = 1251000 \text{N} \cdot \text{cm}$$

应力:

$$\sigma_3 = \frac{M_3}{W_3} = \frac{1251000}{125} = 10008 \text{N/cm}^2$$

1.2.3.4　小结

从超静定力计算中看出：当空隙不大时，超静定力 T_1 与 T_1' 及 T_2 与 T_2' 相差不多，在设计过程中，可以按式（1-10）和式（1-11）简单计算超静定力。

1.3　人字齿轮机计算

1.3.1　简述

在现代高参数轧钢机，如连续轧机、多辊轧机、型钢轧机等，人字齿轮机是不可缺少的主要设备。人字齿轮机架有开启式机架和装配式机架两种主要形式。

1.3.1.1　人字齿轮机开启式机架

开启式机架在国内使用时间比较长，现在大部分采用开启式机架。在开启式机架中有平底机架（图1-24）。但是在加工、运输、安装方面平底方便一些，近几年多采用平底机架。一般书上只有平底机架简化计算公式，本书推导平底机架详细计算公式。

1.3.1.2　人字齿轮装配机架

现在装配式机架用了几十年很成熟，用户满意。装配式机架优点:

（1）可显著缩小机架铸件重量。中小型机械制造厂也能制造生产。而一般在中心距600mm以上的开启齿轮机架本体重几十吨。只有大型机械制造厂才能生产。

（2）虽然零件的机架加工量大一些，但因其加工方法比较简单，且可在加工能力不大的机床上进行，故可缩短加工时间。

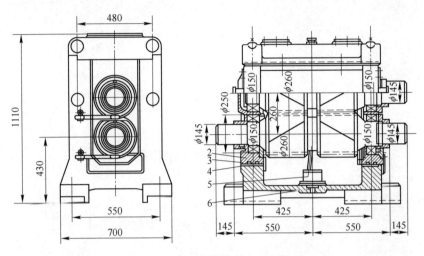

图 1-24   人字齿轮机开启式机架

(3) 大量地减轻设备重量。

(4) 现在均采用辊动轴承。

1.3.1.3 注意事项

(1) 装配式机架其人字齿轮轴颈间的机架是比较薄弱的环节。因为齿轮中心距一定，这样轴颈直径，与轴承厚度及机架这个地方厚度，可通过计算协同解决，本书有计算公式及计算实例。

(2) 在开始使用装配式机架，及个别机架漏油，由于设计时机架连接螺栓断面太小，在受力时螺栓弹性变形太大这样机架连接处有间隙而漏油。另外由于机架加工精度达不到减速机本体加工精度而漏油。在我国中小机械制造厂制造出来之人字齿轮机装配式机架，由于注意了上述两个问题机架就不漏油了。

(3) 装配式机架本体需要用铸钢 ZG25 或 ZG35 来制造。而开启式齿轮机架本体用铸铁来制造就可以了。

1.3.1.4 公式及符号

(1) 水平分力：

$$X = \frac{2M}{d_0}$$

式中 M——齿轮传递力矩（$M = 0.7M_{\max}$）；

   $M_{\max}$——最大轧制力矩；

   d_0——齿轮节圆直径。

(2) 垂直分力：

$$Y = X \frac{\tan\alpha_H}{\cos\beta}$$

式中　α_H——齿的啮合角；

　　　　β——齿的倾斜角。

当 $\alpha_H = 20°$、$\beta = 30°$时，$Y = 0.42X$。

其他符号：

J_2——立柱之惯性矩；

C_1——机架下面 X 力与下横梁中和线间之距离；

C_2——机架上面 X 力与下横梁中和线间之距离；

L_1——下横梁之中和线长度；

L_2——立柱中和线长度；

E——弹性模数；

b——地脚螺栓中心距；

Δ——机架与机架盖之空隙；

L_3——机架盖之中和线长度；

F_3——机架盖之横断面积；

$A，B$——支承反作用力，且 $A = B = \dfrac{X(C_2 - C_1)}{b}$。

1.3.2　人字齿轮机开启式机架计算

1.3.2.1　超静定力计算公式推导

图 1-25 所示为人字齿轮机开启式机架示意图，图 1-26 所示为开启式机架受力图。

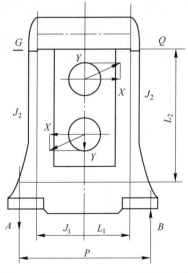

图 1-25　人字齿轮机开启式机架示意图

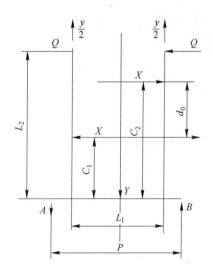

图 1-26　开启式机架受力图

（1）求图 1-26 机架左面在外力作用下 a 点的位移（图 1-27）。

$$\delta_a = \frac{\partial U}{\partial Q} = \int \frac{M_1 \mathrm{d}x}{EJ_2} \frac{\partial M_1}{\partial Q} + \int \frac{M_2 \mathrm{d}x}{EJ_2} \frac{\partial M_2}{\partial Q} + \int \frac{M_3 \mathrm{d}x}{EJ_1} \frac{\partial M_3}{\partial Q}$$

从 a 点到 e 点离 a 点为 x 的断面扭矩：

$$M_1 = Qx \quad \text{所以} \quad \frac{\partial M_1}{\partial Q} = x$$

从 e 点到 b 点离 e 点为 x 的断面扭矩：

$$M_2 = Q(L_2 - C_1 + x) - Xx \quad \text{所以} \quad \frac{\partial M_2}{\partial Q} = L_2 - C_1 + x$$

从 b 点到 e 点离 b 点为 x 的断面扭矩：

$$M_3 = QL_2 - \frac{y}{2}x - XC_1 - A\left(\frac{b - L_1}{2} + x\right) \quad \text{所以} \quad \frac{\partial M_3}{\partial Q} = L_2$$

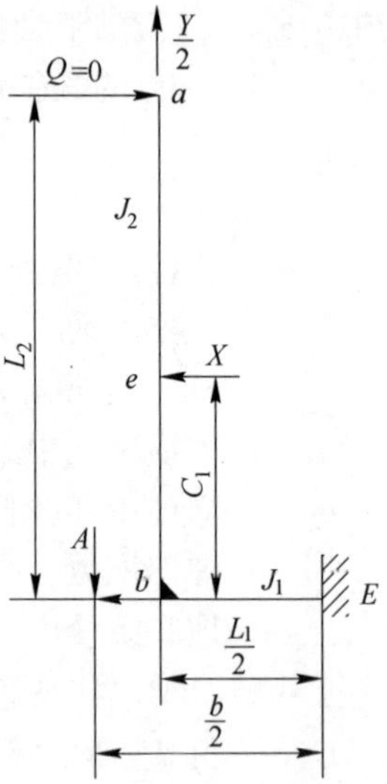

$$\delta_a = \frac{1}{EJ_2} \int_0^{L_2 - C_1} Qx^2 \mathrm{d}x +$$

$$\frac{1}{EJ_2} \int_0^{C_1} \left[Q(L_2 - C_1 + x) - Xx \right](L_2 - C_1 + x)\mathrm{d}x +$$

$$\frac{1}{EJ_1} \int_0^{\frac{L_1}{2}} \left[QL_2 - \frac{y}{2}x - XC_1 - \frac{X(C_2 - C_1)}{b}\left(\frac{b - L_1}{2} + x\right) \right] L_2 \mathrm{d}x$$

当 $Q = 0$ 时：

$$\delta_a = \frac{-1}{EJ_2} \int_0^{C_1} Xx(L_2 - C_1 + x)\mathrm{d}x +$$

$$\frac{1}{EJ_1} \int_0^{\frac{L_1}{2}} \left[\frac{y}{2}x - XC_1 - \frac{X(C_2 - C_1)}{b}\left(\frac{b - L_1}{2} + x\right) \right] L_2 \mathrm{d}x$$

$$= -\frac{XC_2^1}{2EJ_2}\left(L_2 - \frac{C_1}{3}\right) - \frac{YL_1^2 L_2}{16EJ_1} - \frac{XC_1 L_1 L_2}{2EJ_1} -$$

$$\frac{1}{EJ_1} \int_0^{\frac{L_1}{2}} \frac{X(C_2 - C_1)}{b}\left(\frac{b - L_1}{2} + x\right)(L_2 + y)\mathrm{d}x$$

（2）求图 1-26 机架右面在外力作用下 D 点之移位（图 1-28）。

$$\delta_D = \frac{\partial U}{\partial Q} = \int \frac{M_1 \mathrm{d}x}{EJ_2} \frac{\partial M_1}{\partial Q} + \int \frac{M_2 \mathrm{d}x}{EJ_2} \frac{\partial M_2}{\partial Q} + \int \frac{M_3 \mathrm{d}x}{EJ_1} \frac{\partial M_3}{\partial Q}$$

从 D 点到 e 点离 D 点为 x 断面的扭矩：

$$M_1 = Qx \quad \text{所以} \quad \frac{\partial M_1}{\partial Q} = x$$

图 1-27　开启式机架
左边受力图

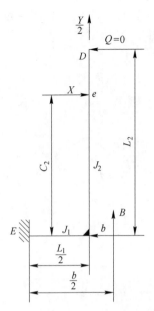

图 1-28　开启式机架右边受力图

从 e 点到 b 点离 e 点为 x 断面的扭矩:

$$M_2 = Q(L_2 - C_2 + x) - Xx \qquad 所以 \qquad \frac{\partial M_2}{\partial Q} = L_2 - C_2 + x$$

从 b 点到 e 点离 b 点为 x 断面的扭矩:

$$M_3 = QL_2 - XC_2 - \frac{y}{2}x + \frac{X(C_2 - C_1)}{b}\left(\frac{b - L_1}{2} + x\right) \qquad 所以 \qquad \frac{\partial M_3}{\partial Q} = L_2$$

$$\delta_D = \frac{1}{EJ_2}\int_0^{L_2 - C_2} Qx^2 \mathrm{d}x + \frac{1}{EJ_2}\int_0^{C_2}\left[Q(L_2 - C_2 + x) - Xx\right](L_2 - C_2 + x)\mathrm{d}x +$$

$$\frac{1}{EJ_1}\int_0^{\frac{L_1}{2}}\left\{QL_2 - \frac{y}{2}x - XC_2 + \frac{X(C_2 - C_1)}{b}\left(\frac{b - L_1}{2} + x\right)\right\}L_2\mathrm{d}x$$

当 $Q = 0$ 时

$$\delta_D = \frac{-1}{EJ_2}\int_0^{C_2} Xx(L_2 - C_2 + x)\mathrm{d}x + \frac{1}{EJ_1}\int_0^{\frac{L_1}{2}}\left\{\frac{y}{2}x - XC_2 + \frac{X(C_2 - C_1)}{b}\left(\frac{b - L_1}{2} + x\right)\right\}L_2\mathrm{d}x$$

$$= \frac{-XC_2^2}{2EJ_2}\left(L_2 - \frac{C_2}{3}\right) - \frac{YL_1^2 L_2}{16EJ_1} - \frac{XC_2 L_1}{2EJ_1} + \frac{1}{EJ_1}\int_0^{\frac{L_1}{2}}\frac{X(C_2 - C_1)}{b}\left(\frac{b - L_1}{2} + x\right)L_2\mathrm{d}x$$

（3）在全部外力作用下整个钢架 aD 点之水平位移 。

$$\delta_{1Q} = \delta_a + \delta_D = \frac{-XC_1^2}{2EJ_2}\left(L_2 - \frac{C_1}{3}\right) - \frac{XC_2^2}{2EJ_2}\left(L_2 - \frac{C_2}{3}\right) - \frac{XL_1}{2EJ_1}(C_1 + C_2) + \frac{yL_1^2 L_2}{8EJ_1}$$

（4）在单位力 $Q=1$ 时，图 1-26 机架左面 a 点的水平位移（图 1-29）。

$$\delta_a = \frac{\partial U}{\partial Q} = \int \frac{M_1 \mathrm{d}x}{EJ_2} \frac{\partial M_1}{\partial Q} + \int \frac{M_2 \mathrm{d}x}{EJ_1} \frac{\partial M_1}{\partial Q}$$

从 a 点到 b 点离 a 点为 x 断面的扭矩：

$$M_1 = Qx \qquad 所以 \frac{\partial M_1}{\partial Q} = x$$

从 b 点到 E 点离 b 点为 x 断面的扭矩：

$$M_2 = QL_2 \qquad 所以 \frac{\partial M_2}{\partial Q} = L_2$$

$$\delta_a = \frac{1}{EJ_2} \int_0^{L_2} Qx^2 \mathrm{d}x + \frac{1}{EJ_1} \int_0^{\frac{L_1}{2}} QL_2^2 \mathrm{d}x$$

当 $Q=1$ 时：

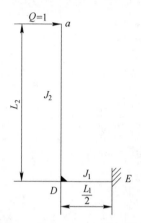

图 1-29　$Q=1$ 时，a 点水平位移

$$\delta_a = \frac{1}{EJ_2} \int_0^{L_2} x^2 \mathrm{d}x + \frac{1}{EJ_1} \int_0^{\frac{L_1}{2}} L_2^2 \mathrm{d}x$$

$$= \frac{L_2^3}{3EJ_2} + \frac{L_1 L_2^2}{2EJ_1}$$

由于刚架左右两面对称，单位外力也对称，所以在现在单位力作用下整个刚架 a、D 点之水平变位：

$$\delta_{11} = 2\delta_a = \frac{1}{E}\left(\frac{2L_2^3}{3J_2} + \frac{L_1 L_2^2}{J_1}\right)$$

（5）用"正则方程"确定水平超静定力。

典型方程式：

$$Q_P(\delta_{11} + \delta) + \delta_{1Q} = -\Delta$$

$$Q_P = \frac{-\delta_{1Q} - \Delta}{\delta_{11} + \Omega}$$

$$= \frac{\dfrac{XC_1^2}{2EJ_2}\left(L_2 - \dfrac{C_1}{3}\right) + \dfrac{XC_2^2}{2EJ_2}\left(L_2 - \dfrac{C_2}{3}\right) + \dfrac{XL_1}{2EJ_1}(C_1 + C_2) + \dfrac{yL_1^2 L_2}{8EJ_1} - \Delta}{\dfrac{1}{E}\left(\dfrac{2L_2^3}{3J_2} + \dfrac{L_1 L_2^2}{J_1}\right) + \dfrac{L_3}{EF}}$$

$$= \frac{\dfrac{X}{2J_2}\left[C_1^2\left(L_2 - \dfrac{C_1}{3}\right) + C_2^2\left(L_2 - \dfrac{C_2}{3}\right) + \dfrac{J_2 L_1}{J_1}(C_1 + C_2)\right] + \dfrac{YL_1^2 L_2}{8J_1} - E\Delta}{\left(\dfrac{2L_2^3}{3J_2} + \dfrac{L_1 L_2^2}{J_1}\right) + \dfrac{L_3}{F_3}}$$

$$(1\text{-}12)$$

（6）超静定力 Q 演变：

当平底式机架时，式（1-12）中 $J_1 = \infty$ 与传统计算公式相同。

$$Q_W = \frac{x\left[C_1^2\left(L_2 - \frac{C_1}{3}\right) - C_2^2\left(L_2 - \frac{C_2}{3}\right) \right] - 2EJ_2\Delta}{\frac{4}{3}L_2^3 + \frac{2L_3J_2}{F_3}} \tag{1-13}$$

1.3.2.2　计算实例与计算结果比较

已知条件：

一人字齿轮机开启式平底机架：

$M_{max} = 800000\text{N} \cdot \text{m}$；$d_0 = 65\text{cm}$；$b = 280\text{cm}$；$\Delta = 0.08\text{cm}$；$G = 40000\text{kg}$；$J_1 = 1840000\text{cm}^4$；$J_2 = 1440000\text{cm}^4$；$F_3 = 2250\text{cm}^2$；$L_1 = L_3 = 130\text{cm}$；$L_2 = 180\text{cm}$；$C_1 = 70\text{cm}$；$C_2 = 135\text{cm}$。

机架材料为铸铁，所以 $E = 17.5 \times 10^6 \text{N/cm}^2$。

水平分力：

$$X = \frac{2M}{d_0} = \frac{2M_{max} \times 0.7}{d_0} = \frac{2 \times 0.7 \times 800000}{0.65} = 1723000\text{N}$$

垂直分力：

$$y = 0.42X = 0.42 \times 1723000 = 723660\text{N}$$

$$\frac{J_2}{J_1} = \frac{1440000}{1840000} = 0.784$$

按平底机架计算，代入式（1-12）：

$$Q_P = \frac{\frac{1723000}{2 \times 1440000}\left[70^2\left(180 - \frac{70}{3}\right) + 135^2\left(180 - \frac{135}{3}\right) + 0.784 \times 130(70 + 135)\right] + \frac{723660 \times 130^2 \times 180}{8 \times 1840000} - 17.5 \times 10^6 \times 0.08}{\frac{2}{3} \times \frac{180^3}{1440000} + \frac{130 \times 180^2}{1840000} + \frac{130}{2250}}$$

$$= 137195\text{N}$$

按传统推导公式计算，代入式（1-13）：

$$Q_W = \frac{1723000\left[70^2\left(180 - \frac{70}{3}\right) + 135^2\left(180 - \frac{135}{3}\right)\right] - 2 \times 17500000 \times 1440000 \times 0.08}{\frac{4}{3} \times 180^3 + \frac{2 \times 130 \times 1440000}{2250}}$$

$$= 192619\text{N}$$

从上面两个计算结果看出，用式（1-12）平底机架计算公式的水平超静定力 $Q_P = 137195\text{N}$。

而用传统推导的公式的水平超静定力 $Q_W = 192619\text{N}$。

两个计算结果比较：

$$\frac{192619}{137195}=1.4\ \text{倍}$$

用传统推导简化计算公式，是假设 $J_1 = \infty$，这与实际情况不符合，误差太大，相差 1.4 倍，在设计中不能采用。

1.3.3 人字齿轮机装配式机架计算

人字齿轮机装配机架有二重式、三重式（图 1-30 和图 1-31）。人字齿轮机各断面示意图如图 1-32 所示。

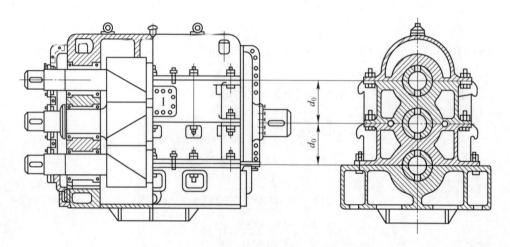

图 1-30 人字齿轮机装配式机架（三输出轴）

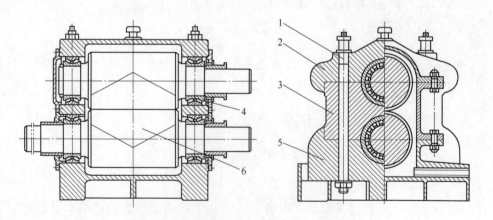

图 1-31 人字齿轮机装配式机架（二输出轴）

1—连接螺栓；2—机架上盖；3—机架二段；4—滚动轴承；5—机架三段；6—人字齿轮

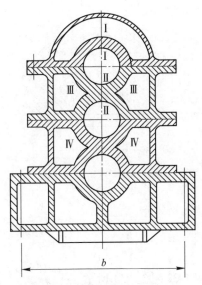

图 1-32　人字齿轮机各断面示意图

1.3.3.1　连接螺栓拉力计算

（1）最上面一边连接螺栓所受之总拉力（图 1-33）：

$$A_1 = \frac{Y}{2} + \frac{Xd}{12C_1} - \frac{G_1}{2} \qquad (1\text{-}14)$$

式中　X——水平分力；

　　　Y——垂直分力；

　　　d——上盖的孔直径；

　　　C_1——上面联接螺栓中心距；

　　　G_1——上盖之重量。

影响垂直方向螺栓所受力除了 Y、G 之外，还有由 X 方向引起的倾倒扭矩。

X 力作用（图 1-33）均布负荷作用给上盖，是水平力的一半 $\left(\dfrac{X}{2}\right)$，假设力 $\dfrac{X}{2}$ 集

中作用在距离中心线为 $\dfrac{d}{6}$ 处，其倾倒扭矩为 A_1 处之拉力，则除以 C_1，既得到

$\dfrac{Xd}{12C_1}$。

（2）图 1-30 中间 5 个连接螺栓所受总拉力：

$$A_2 = \frac{Xd_0}{2C_2} + \frac{Y}{2} - \frac{G_1 + G_2}{2} \qquad (1\text{-}15)$$

式中　d_0——齿轮之节圆直径；

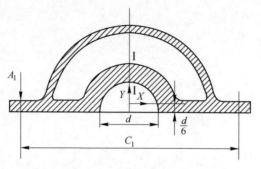

图 1-33   人字齿轮机上盖

C_2——二段连接螺栓中心距；

G_2——二段机架之重量。

1.3.3.2   各断面应力计算

各断面应力计算如图 1-32~图 1-34 所示。

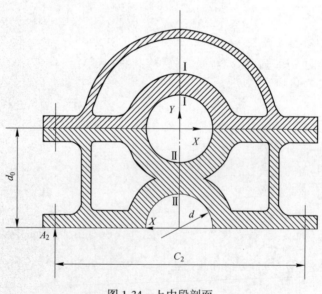

图 1-34   上中段剖面

A   I-I 断面（图 1-33，上中辊轧制时）

扭矩：

$$M_1 = \frac{YC_1}{4} + \frac{X}{2} \frac{d}{3} = \frac{YC_1}{4} + \frac{Xd}{6} \tag{1-16}$$

设作用给上盖水平 $\frac{X}{2}$ 的力作用点与 I-I 断面之距离为 $\frac{d}{3}$。

应力：

$$\sigma_1 = \frac{M_1}{W_1} + \frac{X}{4F} \tag{1-17}$$

B Ⅱ-Ⅱ断面（图1-34）

扭矩：

$$M_2 = \frac{YC_2}{4} + \frac{X}{2} \times \frac{d}{3} = \frac{YC_2}{4} + \frac{Xd}{6} \tag{1-18}$$

M_2 考虑受力与式（1-16）相同只将 C_1 改成 C_2。

应力：

$$\sigma_2 = \frac{M_2}{W_2} + \frac{Y}{4F_2} \tag{1-19}$$

C Ⅲ-Ⅲ断面（图1-32）

扭矩：

$$M_3 = \frac{Xd_0}{4} + \frac{YC_2}{4}$$

应力：

$$\sigma_3 = \frac{M_3}{W_3} + \frac{Y}{2F_3}$$

D Ⅳ-Ⅳ断面（图1-32）

扭矩：

$$M_4 = \frac{Xd_0}{4} + \frac{YC_2}{4}$$

应力：

$$\sigma_4 = \frac{M_4}{W_4} + \frac{X}{2F_4}$$

1.3.3.3 计算实例

A 已知条件

三重式字齿轮机装配式机架（图1-30） $d_0 = 650\text{mm}$；上中辊传递之最大扭矩 $M = 280000\text{N}$；轴承外径 $d = 37\text{cm}$；$C_1 = 1.36\text{m}$；$C_2 = 1.48\text{m}$；$G_1 = 5000\text{kg}$；$G_2 = 8000\text{kg}$。

Ⅰ-Ⅰ断面面积 $F_1 = 864\text{cm}^2$；断面为长方形，断面厚18cm，宽48cm，断面模数 $W_1 = 5148\text{cm}^3$。

Ⅱ-Ⅱ断面面积 $F_2 = 720\text{cm}^2$；断面模数 $W_2 = 3840\text{cm}^3$。

Ⅲ-Ⅲ断面面积 $= 2880\text{cm}^2$；断面模数 $W_3 = 61330\text{cm}^3$。

Ⅳ-Ⅳ断面面积 $= 2880\text{cm}^2$；断面模数 $W_4 = 61330\text{cm}^3$。

人字齿轮角 $\alpha = 20°$，$\beta = 30°$。

B　外力计算

（1）水平分力：

$$X = \frac{2M}{d_0} = \frac{2 \times 28000}{0.65} = 861540\text{N}$$

（2）垂直分力：

$$Y = 0.42X = 0.42 \times 861540 = 361850\text{N}$$

C　连接螺栓拉力计算

（1）最上面连接螺栓所受之拉力：

$$A_1 = \frac{Y}{2} + \frac{Xd}{12C_1} - \frac{G_1}{2} = \frac{361850}{2} + \frac{861540 \times 0.37}{12 \times 1.36} - \frac{50000}{2} = 175458\text{N}$$

（2）中间连接螺栓所受之拉力：

$$A_2 = \frac{Xd_0}{2C_2} + \frac{Y}{2} - \frac{G_1 + G_2}{2}$$

$$= \frac{861540 \times 0.65}{2 \times 1.48} + \frac{361850}{2} - \frac{50000 + 80000}{2} = 305114\text{N}$$

D　各断面应力计算

a　Ⅰ-Ⅰ断面

扭矩：

$$M_1 = \frac{YC_1}{4} + \frac{Xd}{6} = \frac{361850 \times 136}{4} + \frac{861540 \times 37}{6} = 1765730\text{N} \cdot \text{cm}$$

应力：

$$\sigma_1 = \frac{M_1}{W_1} + \frac{X}{4F_1} = \frac{1765730}{5184} + \frac{861540}{4 \times 864} = 590\text{N/cm}^2$$

b　Ⅱ-Ⅱ断面

扭矩：

$$M_2 = \frac{YC_2}{4} + \frac{Xd}{6}$$

$$= \frac{361850 \times 148}{4} + \frac{861540 \times 37}{6} = 18701280\text{N} \cdot \text{cm}$$

应力

$$\sigma_2 = \frac{M_2}{2W_2} + \frac{X}{4F} = \frac{18701280}{2 \times 3840} + \frac{861540}{4 \times 720} = 2734\text{N/cm}^2$$

c Ⅲ-Ⅲ断面

扭矩：

$$M_3 = X \frac{d_0}{4} + \frac{YC_2}{4} = 861540 \times \frac{65}{4} + 361850 \times \frac{148}{4} = 27388475 \text{N} \cdot \text{cm}$$

应力：

$$\sigma_3 = \frac{M_3}{W_3} + \frac{Y}{2F_3} = \frac{27388475}{61330} + \frac{361850}{2 \times 2880} = 510 \text{N/cm}^2$$

d Ⅳ-Ⅳ断面

扭矩：

$$M_4 = \frac{Xd_0}{4} = \frac{861540 \times 65}{4} = 14000025 \text{N} \cdot \text{cm}$$

应力：

$$\sigma_4 = \frac{M_4}{W_4} + \frac{X}{2F_4} = \frac{14000025}{61330} + \frac{861540}{2 \times 2880} = 378 \text{N/cm}^2$$

2　飞剪机设计计算

本章主要公式符号:

ν_x——飞剪机剪刃在轧件运动方向的分速度;

ν_0——轧件速度;

v——剪刃圆周速度或曲柄圆周速度;

φ_1——剪切开始角(Ⅰ);

φ_2——剪切力最大时刀杆(曲柄)角度;

φ_3——剪切终了角;

φ_q——剪刃起动行程;

φ_j——剪刃剪切行程;

φ_z——剪刃制动行程;

β——剪切开始角(Ⅱ);

D——回转式飞剪机刀杆回转直径或曲柄式飞剪机曲柄回转直径;

λ——增速系数或过载系数;

n_1——剪切开始时电动机转速;

n_2——剪切终了时电动机转速或刀头销轴中心与轧件之距离(见图2-17);

P_{max}——最大剪切力;

τ_{max}——最大剪切抗力;

h——被剪切轧件厚度;

F——被剪切轧件横断面面积;

M_1——上刀杆剪切扭矩;

M_2——下刀杆剪切扭矩;

M_Σ——总剪切扭矩;

M_e——电动机额定扭矩;

M_q——电动机起动扭矩;

M_z——电动机制动扭矩;

M_{jun}——电动机均方根扭矩;

M_c——电动机摩擦扭矩;

σ_b——被剪切轧件的强度极限;

ΣGD^2——飞剪机所有零件部件(电动机)折算到电动机轴上总飞轮矩,$N \cdot m^2$;

L——飞剪机中心与送料辊中心的距离；

Q——剪切水平拉力；

T——剪切侧推力；

t_Q——起动时间；

t_z——制动时间；

t——纯剪切时间；

t_j——实际操作剪切时间；

ε_d——剪切力最大时上下剪刃共同切入钢材，相对切入深度；

ε_z——剪切终了（断裂）时上下剪刃共同切入钢材，相对切入深度。

A——飞剪机中心距或剪切功；

i——飞剪机速比。

2.1　简　　述

2.1.1　飞剪机的由来

2.1.1.1　飞剪机定义

在轧件运动中剪切钢材叫飞剪，其剪切设备叫飞剪机。我国是钢铁大国，也是钢铁强国，各种钢材品种及材质，能满足我国基本建设、各种先进设备制造以及国防先进武器制造等要求。冶炼出来的钢，大部分需要轧成钢材才能使用。我国制造的轧钢设备也很先进。为了满足我国这么大钢产量，一般均采用大断面坯料、高速度连轧机。这样必须有先进飞剪机共同组成先进连轧机组才能生产钢材。飞剪机应用很广泛，飞剪机技术含量很高，对飞剪机设计计算、生产要求全面到位。

2.1.1.2　中小型连轧机所用飞剪机分类

A　按用途分类飞剪机

a　切头切尾飞剪机

在连轧过程中轧制钢材的前端，在每次进轧辊时有大量冷却水浇上的同时进行轧制，经过多次轧制的钢材前端头部易劈裂，有这种劈裂的钢材轧辊很难咬入，造成半轧废品，这种半轧废品很长，温度很高。处理这种事故很困难，影响生产，影响产量。用切头飞剪机将劈裂头部剪掉，钢材整齐头部轧辊很容易咬入，可顺利生产并减少半轧废品。切头飞剪机，还可以在轧线后边出现跑钢事故时，用切头飞剪机在前边将钢材碎断，减少后边处理时间。这些半轧废品也是一种损耗，即使有切头飞剪时，这种半轧废品、小于原料钢坯总量的1%就是高水平。如果没有切头碎断剪或设置的少，这种半轧废品能成倍增长。在轧件低速时用曲柄连杆式飞剪机，适用于切头、切尾、切倍尺，图2-2是曲柄连杆式飞剪机。在轧件高速时用刀杆式回转飞剪机（图2-1）。

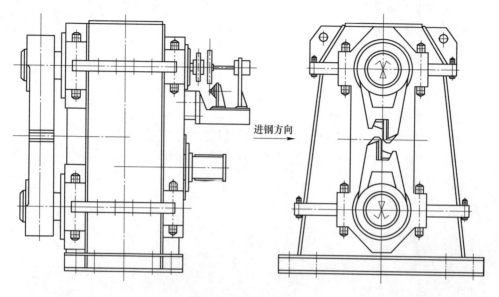

图 2-1 回转式飞剪机

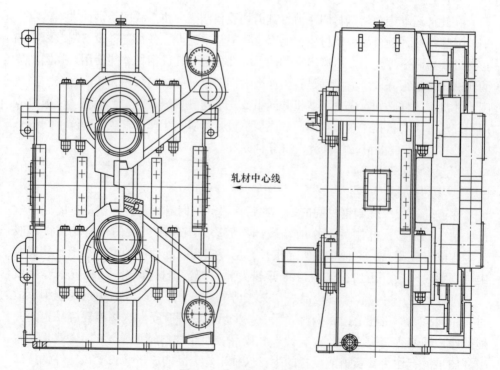

图 2-2 曲柄连杆式飞剪机

b　成品飞剪机

现代轧制钢板、圆钢、螺纹钢、方钢、角钢、槽钢等连轧机，轧件长度都比较长，特别是圆钢、螺纹钢成品长几百米到上千米，只能将钢材切成100多米的倍尺，放在冷床上冷却后才能运出。这种成品飞剪机多采用组合式飞剪机（曲柄连杆加回转式），由于成品钢材品种不同要求轧制速度也不同，而速度差别也很大，用组合式飞剪机（图2-3左），当速度低时用曲柄连杆式飞剪机（图2-3右），速度高时用刀杆回转式飞剪机（图2-1），速度特高时用圆盘连续回转式高速飞剪机（图2-4和图2-5）。

B　按机构组成分类飞剪机

a　回转式飞剪机

（1）刀杆回转起停式飞剪机：飞剪机本体内装有两个大齿轮，并有一个输入轴、两个输出轴，将两个带剪刃的飞剪刀杆，装在飞剪机本体上下两个输出轴上。两个输出轴带动两个刀杆旋转方向相反，起停式对钢材进行剪切（图2-1）。这种飞剪机结构简单，制造容易，运行可靠，剪切精度高，成材率高所以成本低。飞剪机剪切速度≤30m/s，得到广泛应用。它的计算是2.4节回转式飞剪机计算实例。

（2）圆盘连续回转式高速飞剪机：将两个剪刃装在两个圆盘上，再将两个圆盘装在飞剪机本体上下两个输出轴上。飞剪机本体内装有两个大齿轮，并有一

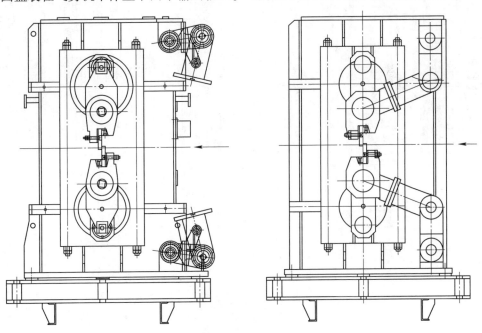

图2-3　组合式飞剪机

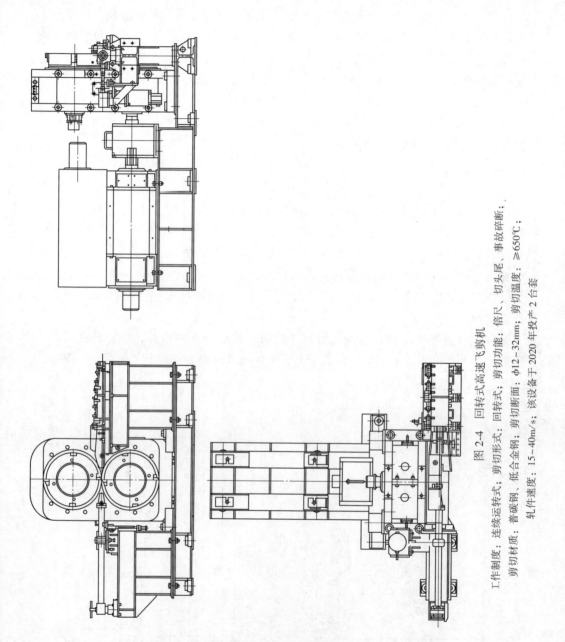

图 2-4 回转式高速飞剪机

工作制度：连续运转式；剪切形式：回转式；剪切功能：倍尺、切头尾、事故碎断；
剪切材质：普碳钢、低合金钢；剪切断面：φ12~32mm；剪切温度：≥650℃；
轧件速度：15~40m/s；该设备于2020年投产2台套

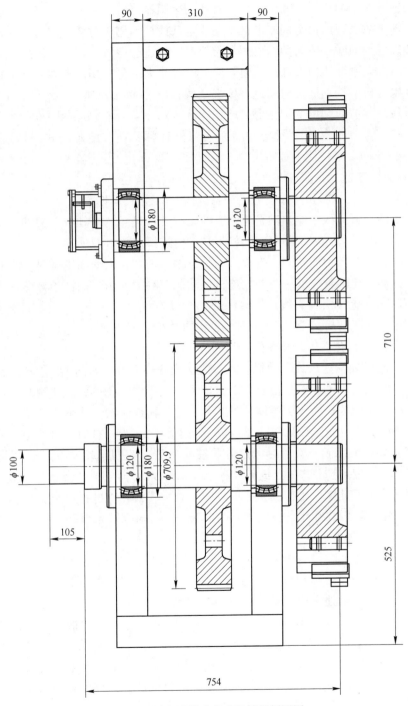

图 2-5 圆盘回转式高速飞剪机剖视图

个输入轴、两个输出轴，两个输出轴带动两个圆盘旋转方向相反。因该飞剪为连续式运转，故飞剪前设有伺服电机驱动的电动摆杆，用于对轧件进行更换输送方向，当轧件换向时，飞剪两输出圆盘刀架对钢材进行剪切（图 2-4 和图 2-5）。这种飞剪机圆盘刚性比刀杆强，飞轮效应可以吸收大部分剪切冲击力，减少传递给齿轮及电动机。特别适用电动机直接带动圆盘（中间无减速）。缺点：圆盘动平衡要求较高，剪切精度低。飞剪机剪切速度≤50m/s。图 2-4 和图 2-5 所示飞剪机的计算是 2.4 节圆盘连续回转式高速飞剪机计算实例，此圆盘式回转飞剪机，2021 年投产两台套使用。运行至今效果很好。

b 曲柄连杆式飞剪机

（1）悬臂式曲柄连杆式飞剪机：悬臂式曲柄连杆式飞剪机，图 2-2 所示这种飞剪机本体上下共两个输出轴是曲轴，曲轴单支承是悬臂带动有剪刃的刀头，刀头侧边有刀杆，刀杆尾部与上面摆杆下端铰链连接，摆杆只能摆动，所以一直控制剪切时剪刃在剪切区域内一直垂直钢材，这样剪切在大断面钢材时很有利。但由于曲柄连杆比较重，剪切时曲柄连杆甩动比较利害，由于曲柄连杆惯性大，所以剪切速度不能太快，一般速度≤8m/s，剪切断面≤φ140mm。它的计算是 2.5 节曲柄连杆式飞剪机计算实例（图 2-2 和图 2-6）。此悬臂式曲柄连杆式飞剪机 2007 年投产一台套，运行至今效果很好。

（2）龙门曲柄连杆式飞剪机：龙门曲柄连杆式飞剪机如图 2-7 所示，这种飞剪机设有两根输入轴，并且由于转动惯量及速度要求，在飞剪机外侧两输入端分别悬挂一台小减速机，飞剪本体上下共两个输出轴是曲轴。曲轴长是双支承，两根输入轴同时带动下曲轴旋转，下齿轮带动上齿轮旋转，曲柄中间带有剪刃的刀头，剪刃宽度 500mm，剪切时可以分段使用剪刃，一般速度≤2m/s，剪切断面≤φ180mm。曲柄连杆式飞剪机剪切速度≤1.5m/s，剪切断面≤φ180mm。龙门式飞剪一般用于轧钢厂中棒及大棒项目中，对大规格轧件进行切头、尾。这台飞剪机于 2019 年及 2020 年各分别投产两台套，运行至今效果很好。

c 组合式飞剪机

当剪切速度低时，剪切模式为曲柄+飞轮，如图 2-3 所示，是组合式飞剪机，此时剪轴上应安装曲柄刀体，并将飞轮离合器的手柄扳到"接合"位置，手控操作台上同时显示处于"曲柄+飞轮"剪切模式。

当剪切速度快时，剪切模式改为"回转"，此时应拆下曲柄刀体，将曲柄连杆保持在支座上用销轴销住。

两个带剪刃的飞剪刀杆，装在飞剪机本体上下两个输出轴上。飞剪机本体内装两个大齿轮，并有一个输入轴，两个输出轴带动两个刀杆旋转方向相反，对钢材进行剪切，飞轮离合器的手柄处于"脱开"位置，主控操作台上同时显示"回转"剪切模式（图 2-8）。现代组合式飞剪机速度高、范围大，可达 1~30m/s，

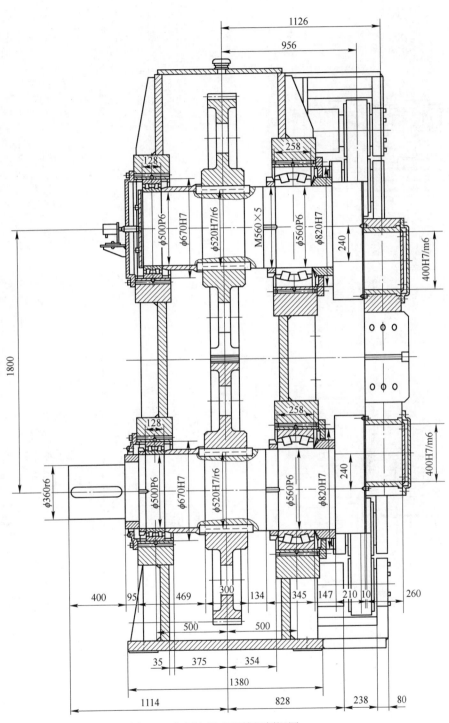

图 2-6 曲柄连杆式飞剪机剖视图

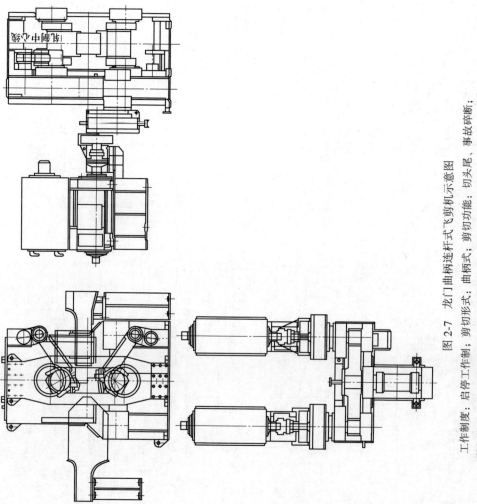

图 2-7 龙门曲柄连杆式飞剪机示意图

工作制度: 启停工作制; 剪切形式: 曲柄式; 剪切功能: 切头尾、事故碎断;

剪切材质: 普碳钢、低合金钢、弹簧钢、轴承钢等; 剪切断面: $\phi 110 \sim 180 \mathrm{mm}$;

剪切温度: $\geqslant 850 ℃$; 轧件速度: $0.5 \sim 1.5 \mathrm{m/s}$; 该设备于 2019 年及 2020 年各分别投产 2 台套

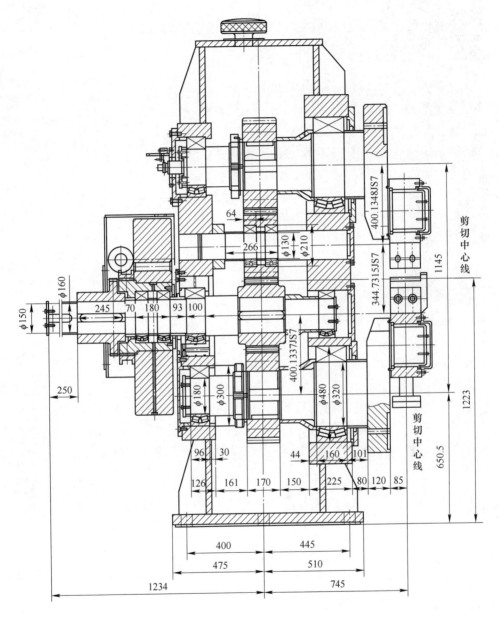

图 2-8 刀杆回转式飞剪机剖视图

剪切规格范围也很大，轧制圆钢为 $\phi12 \sim 60$mm，这种组合组合式飞剪机是解决速度范围大、规格范围广的好办法。组合式飞剪机在曲柄连杆式飞剪机基础上，只需增加少量零件就可以改装完成，且费用和飞剪机总重量均增加不多，能够巧妙地解决现实生产问题。否则要解决速度范围大、规格范围广的要求的要求需要安装一台刀杆式回转飞剪机和另一台曲柄连杆式飞剪机两台飞剪机。这样投资太大，并且占有一定位置，影响生产，还要扩大厂房，增加投资。

2.1.2　中小型连轧机所用飞剪机发展趋势

飞剪机专用电动机，已经生产近几十年了，它是低惯量频繁启动电动机，启动时可以 3 倍额定电流，也就是它有 3 倍额定扭矩的启动扭矩，它是启动飞剪机的电动机。中高速飞剪机的剪刃从静止状态到剪切速度，仅用零点零几秒到零点几秒，如图 2-9 所示，剪刃在原始位置 1，可用 3 倍额定扭矩的启动扭矩，启动剪刃到开始剪切位置 2，这时剪刃速度要达到比剪切速度高点，剪切后剪刃在位置 3，开始制动剪刃回到剪刃初始位置 4，等待下一次剪切。

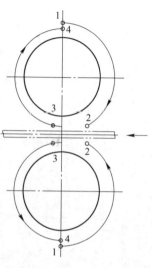

图 2-9　剪刃位置示意图

飞剪机的剪刃速度示意图如图 2-10 所示。该图与图 2-9 配合看。两个图中 1 均代表剪刃在初始位置，2 代表剪刃在开始剪切位置，3 代表剪切后剪刃位置，4 剪刃回到初始位置。一般设计飞剪机习惯从右进钢时下面剪刃在前面，上面剪刃在后面（图 2-2、图 2-3）。而左进钢也是下面剪刃在前面，上面剪刃在后面如图 2-1 所示。飞剪机上下剪刃有重合度代号为 S，在中小型飞剪机 $S=1\sim3$mm 范围内，即使在剪切 $\phi170$mm 棒材时也采用 $S=3$mm。剪刃间隙可调至 0.2～0.3mm。

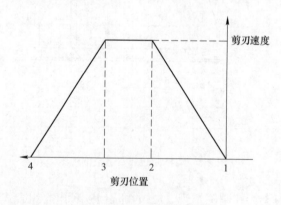

图 2-10　剪刃速度示意图

从图 2-9 看剪刃初始位置在最上端及最下端，后面剪刃在操作时剪刃启动角与制动角初略看均接近近似 180°，因为剪切后要制动，启动扭矩中要加上运动件的摩擦扭矩，及剪切钢材时的速度降扭矩，而制动扭矩要减去运动件的摩擦扭矩，及剪切钢材时的速度降扭矩，由于运动件的摩擦扭矩很小就忽略不计，剪切钢材时的速度降扭矩也不大，2.2 节有计算证明。而要启动与制动时飞剪机传动系统的飞轮矩是相同，为了剪切钢材也要求系统中飞轮矩大，经常在飞剪机传动系统加飞轮装置，因为启动扭矩与制动扭矩相差不大才能满足要求。

由于飞剪机专用电动机很成熟，它是低惯量频繁启动电动机，一般直流电机有的不能频繁启动，有的可以经常启动，启动电流只能为两倍，这些电动机均不能在飞剪机使用。飞剪机电动机用电脑或控制器控制非常可靠，解决了过去飞剪机难题，这种启动与制动飞剪机结构简单，运行可靠。过去用空气、液压器、又有制动器等飞剪机，现在在中小型飞剪机中很少采用。现在主要推荐起停式电动飞剪机，本书主要探讨起停式电动飞剪机设计与计算。当然本书公式多数也可以在其他飞剪机计算使用。

飞剪机在剪切轧件时，飞剪机剪刃在轧件运动方向的分速度 v_x，应该稍大于轧件运行速度 v_0。一般采用增速系数 $\lambda = 1.01 \sim 1.05$，v_0 剪刃与轧件同步速度 $v_x = v_0$ 很难达到。剪刃在剪切不同角度时，飞剪机剪刃在轧件运动方向的分速度还有不同，从剪切开始随角度变化连续上升。还有剪切时电动机的动态速降，也会使剪刃速度变化，只有使速度高一点来解决，也可以用增速系数 λ 表示：

$$\lambda = \frac{v_x}{v_0} = 1.01 \sim 1.03$$

2.2 飞剪机的设计与计算公式

2.2.1 飞剪机有关参数确定

在推导飞剪机计算公式之前，首先确定主要参数：剪切开始角、剪切力最大时角度、剪切终了角、确定剪刃的剪切速度、剪刃的增速时间计算、纯剪切时间等。

2.2.1.1 回转式飞剪机剪切角计算

A 剪切开始角（Ⅰ）

回转式飞剪机左进钢和右进钢如图 2-11 和图 2-12 所示。

$$\cos\varphi_1 = \frac{A - h}{2R} = \frac{2R - S - h}{2R} = 1 - \frac{h + S}{2R} \tag{2-1}$$

式中 R——刀杆长度（含剪刃）；

h——被剪切轧件厚度；

S——剪刃重叠量。

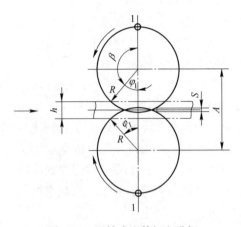

图 2-11 回转式飞剪机左进钢

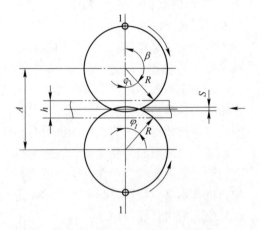

图 2-12 回转式飞剪机右进钢

B 剪切开始角（Ⅱ）

剪切开始角（Ⅱ）为剪刃从原始点开始转到剪切开始角的开始点的角度。当剪刃在最上端和最下端 1 的位置（图 2-11 和图 2-12）。

$$\beta = 180° - \varphi_1 \tag{2-2}$$

式中 φ_1——剪切开始角。

在设计时要考虑启动剪刃从初始位置 1 旋转 β 角，计算剪刃速度在增速时间 t 内要达到轧件剪切速度。

C 剪切力最大时刀杆角度 φ_2

剪切力随相对切入深度变化曲线如图 2-13 所示，回转式飞剪机右进钢最大剪切力及剪切终了时刀杆角度如图 2-14 所示，回转式飞剪机左进钢最大剪切力剪切终了时及时刀杆角度如图 2-15 所示。

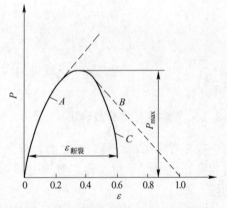

图 2-13 剪切力随相对切入深度变化曲线

$$\cos\varphi_2 = \frac{A - h(1 - \varepsilon_d)}{2R} = \frac{2R - S - h(1 - \varepsilon_d)}{2R}$$

$$= 1 - \frac{S + h(1 - \varepsilon_d)}{2R} \tag{2-3}$$

式中 ε_{d}——剪切力最大时，上下剪刃共同切入钢材，相对切入深度，ε_{d} = 0.25 ~ 0.4（图 2-13）；

  h——被剪轧件厚度；

  S——剪刃重叠量。

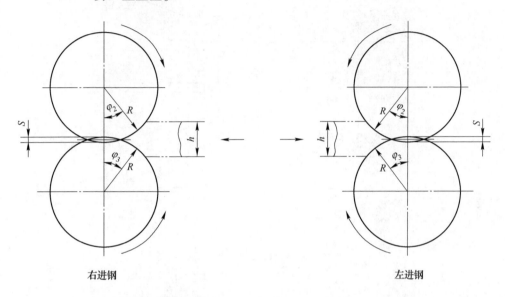

   右进钢   左进钢

 图 2-14 回转式飞剪机右进钢最大剪切力   图 2-15 回转式飞剪机左进钢最大剪切力
     及剪切终了时刀杆角度   剪切终了时及时刀杆角度

  D 剪切终了时刀杆角度 φ_3

$$\cos\varphi_3 = 1 - \frac{S + h(1 - \varepsilon_{\mathrm{z}})}{2R} \tag{2-4}$$

  剪切终了时刀杆角度 φ_3（图 2-14 和图 2-15）的计算公式与剪切力最大时刀杆角度 φ_2 的计算公式相差不大，只是相对切入，在 φ_3 计算公式中 ε_{z} 是剪切终了时，上下剪刃共同切入钢材深度，ε_{z} = 0.55~0.65。

  2.2.1.2 曲柄连杆式飞剪机剪切角计算

  图 2-16 是曲柄连杆飞剪机模型，使曲柄模型旋转一周，可以看出剪切轧过程中，剪刃的运动轨迹有两个特点：（1）剪刃永远与轧件是垂直的；（2）剪刃与轧件有一段平行运动。根据上面两条结论，可推导曲柄剪切开始角、剪切力最大时曲柄角、剪切终了角计算，也可推导出各扭矩计算。

  A 剪切开始角（Ⅰ）

  曲柄连杆式飞剪机左进钢和右进钢剪切开始角如图 2-17 和图 2-18 所示。

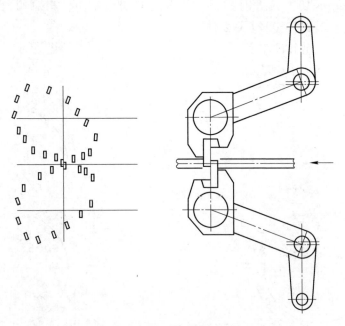

图 2-16 曲柄连杆飞剪机剪刃运行轨迹图

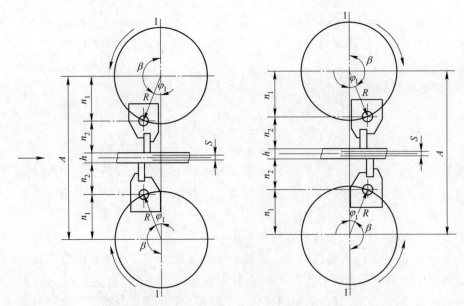

图 2-17 曲柄连杆式飞剪机左进钢时剪切　　图 2-18 曲柄连杆式飞剪机右进钢时剪切
　　　　开始角　　　　　　　　　　　　　　　　　　开始角

$$\cos\varphi_1 = \frac{A - h - 2n_2}{2R} \tag{2-5}$$

式中　n_2——在开始剪切时，曲柄半径垂直高度（如图 2-17 和图 2-18 在开始剪
　　　　切时剪刃刚接触被剪切轧件状态所示）。

　　　R——曲柄半径；

　　　h——被剪切轧件厚度；

　　　A——飞剪机中心距。

　B　剪切开始角（Ⅱ）

$$\beta = 180° - \varphi_1 \tag{2-6}$$

式中　φ_1——剪切开始角（式 2-5）。

　　在设计时要考虑，启动剪刃从初始位置 1 旋转 β 角，计算剪刃速度在增速时
间 t 内要达到轧剪切速度（图 2-17 和图 2-18）。

　C　剪切力最大时曲柄角度

　左进钢、右进钢剪切力最大时曲柄角度如图 2-19 和图 2-20 所示。

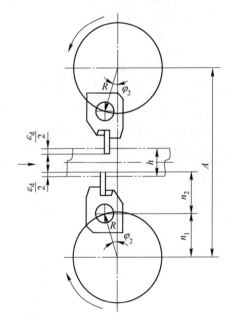

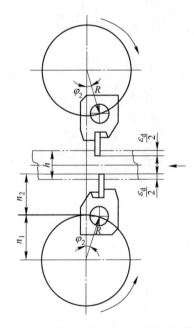

图 2-19　左进钢剪切力最大时曲柄角度　　　　图 2-20　右进钢剪切力最大时曲柄角度

$$\cos\varphi_2 = \frac{A - 2n_2 - h(1 - \varepsilon_d)}{R} \tag{2-7}$$

式中　ε_d——相对切入深度（即剪切力最大时上下剪刃共同切入钢材深度，如图
　　　　2-19 和图 2-20 所示）一般剪切热钢材可取 $\varepsilon_d = 0.25 \sim 0.4$。

方钢、圆钢等不同品种也有关系，与钢材的温度、材质有关。更详细描述见后面"剪切力计算"中诸多曲线。

D 剪切终了角

曲柄连杆式飞剪机左进钢、右进钢剪切终了角如图 2-21 和图 2-22 所示。

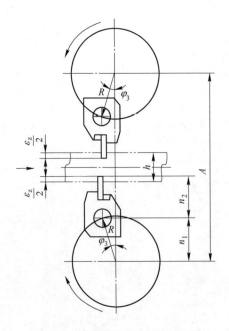 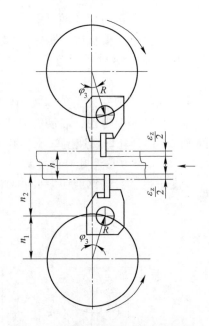

图 2-21 曲柄连杆式飞剪机左进钢 剪切终了角   图 2-22 曲柄连杆式飞剪机右进钢 剪切终了角

$$\cos\varphi_3 = \frac{A - 2n_2 - h(1 - \varepsilon_z)}{2R} \tag{2-8}$$

式中 ε_z——剪切轧件终了时相对切入深度，一般取 $\varepsilon_z = 0.6$。

R——曲柄半径；

h——被剪切轧件厚度；

A——飞剪机中心距；

n_2——刀头中心至剪刀顶端高度。

2.2.1.3 速度与时间

A 回转式飞剪机剪刃的水平速度

a 剪切开始时刀杆转速及曲柄转速

$$n = \frac{60v\lambda}{\pi D\cos\varphi_1} \tag{2-9}$$

b 剪刃圆周速度

$$v = \frac{\pi D n}{60} \qquad (2\text{-}10)$$

式中　v——剪刃圆周速度，mm/s；

$\quad\quad$ D——回转式飞剪机时为刀杆回转直径，曲柄连杆式飞剪机时为曲柄回转直径；

$\quad\quad$ λ——增速系数，剪刃水平速度 v_x 大于轧件速度的估计系数 $\lambda = 1.01 \sim 1.05$；

$\quad\quad$ n——刀杆转速或曲柄转速；

$\quad\quad$ φ_1——剪切开始角。

c 剪切开始时剪刃水平速度

由于圆周速度的切线与水平速度线的夹角 φ_1 与剪切开始 φ_1 相等（图2-23），所以剪切开始时剪刃水平速度为：

$$v_x = v\cos\varphi_1 \qquad (2\text{-}11)$$

式中　v_x——剪刃水平速度；

$\quad\quad$ v——剪刃圆周速度。

d 纯剪切时间

$$t = \frac{\varphi_1 - \varphi_3}{360°}\frac{\pi D}{v} \qquad (2\text{-}12)$$

式中　φ_1——剪切开始面；

$\quad\quad$ φ_3——剪切终了角（式2-4）；

$\quad\quad$ D——刀杆回转直径。

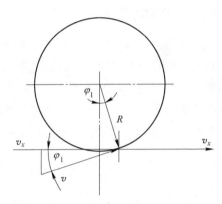

图 2-23　回转式飞剪机剪切过程

B 曲柄连杆式飞剪机剪刃的水平速度

a 曲柄的圆周速度

$$v = \frac{\pi D n}{60} = \frac{\pi R n}{30} \qquad (2\text{-}13)$$

式中　v——曲柄的圆周速度，mm/s；

$\quad\quad$ R——曲柄连杆式飞剪机曲柄半径；

$\quad\quad$ n——曲柄转速（式2-9）。

b 剪切开始时剪刃水平速度

由于曲柄圆周速度的切线与水平速度线的夹角 α_1 并与剪切开始 φ_1 相等，图2-24 所示剪刃与钢架均是垂

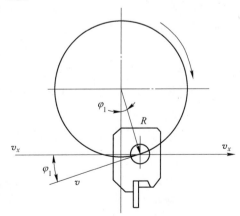

图 2-24　曲柄连杆式飞剪机剪切过程

直，所以剪切开始时剪刃水平速度为：

$$v_x = v\cos\varphi_1 \tag{2-14}$$

式中　v_x——剪刃水平速度；

　　　v——曲柄的圆周速度。

　　c　纯剪切时间

$$t = \frac{\varphi_1 - \varphi_3}{360°} \frac{\pi D}{v} \tag{2-15}$$

式中　φ_1——剪切开始角；

　　　φ_3——剪切终了角（式2-4）；

　　　D——曲柄回转直径。

2.2.2　剪切力计算及剪切扭矩计算

　　剪切力是飞剪机的主要性能指标，说某飞剪机剪切力多大，如剪切力3.3MN、被剪切钢材为$\phi170$mm，就可以初步判断被剪钢材材质范围及剪切温度。如被剪切钢材为$\phi140$mm，也可以初步判断被剪钢材材质范围，提高剪切温度可以降低剪切力等。由于剪切力计算很重要，下面分别对最大剪切力P_{max}计算、剪切钢材时产生水平推力T确定及剪切过程中拉钢力计算3方面内容展开详细论述。

2.2.2.1　剪切力计算

　　在剪切过程中，剪切力P等于剪切抗力与轧件断面面积的乘积：

$$P = \tau F$$

式中　τ——剪切抗力，与被剪轧件的材质、剪切时的温度、相对切入深度有关，可在剪切抗力曲线查得，N/mm；

　　　F——剪切面积，mm^2。

　　一般均采用最大剪切力计算P_{max}：

$$P_{max} = K\tau_{max}F \tag{2-16}$$

式中　K——考虑刀钝及剪刃间隙增加而使剪切力提高的系数，其数值按飞剪机能力选取：小型飞剪机（$P \le 1.6$MN），取$K = 1.3$；中型飞剪机（$P = 2.5 \sim 8$MN），取$K = 1.2 \sim 1.3$。

　　　τ_{max}——被剪切轧件在相应温度下的最大单位剪切抗力，N/mm^2，其值查有关试验曲线；如果被剪切轧件材料τ_{max}不能直接从已有的单位剪切阻力曲线找到时，可近似按式（2-17）算出τ_{max}。

　　　F——被剪切轧件的原始横断面面积，mm^2。

　　被剪切轧件最大单位剪切抗力τ_{max}按下式计算：

$$\tau_{\max} = \tau' \frac{\sigma_{\mathrm{b}}}{\sigma_{\mathrm{b}}'} \qquad (2\text{-}17)$$

$$\varepsilon = \varepsilon' \frac{\delta}{\delta'} \qquad (2\text{-}18)$$

式中　τ'——与所剪切轧件及温度相似的实验曲线上查得的单位剪切抗力；

　　σ_{b}，δ——被剪切轧件的强度极限及伸长率；

　　σ_{b}'，δ'——所选用的实验曲线材质的强度极限及延伸率。

当所剪材料无单位剪切阻力试验数据时，可按强度极限 σ_{b} 计算下式计算最大剪切力：

$$P_{\max} = 0.6K\sigma_{\mathrm{bt}}F_{\max} \qquad (2\text{-}19)$$

式中　σ_{bt}——被剪轧件材料在相应剪切温度下的强度极限，MPa。

式（2-19）中的系数 0.6 是考虑单位剪切阻力与强度极限的比例系数。不同钢种在不同温度下的强度极限可近似地按表 2-1 选取。

表 2-1　不同钢种在不同温度下的强度极限 σ_{b}

钢种	温度 t/℃							
	1000	950	900	850	800	750	700	20（常温）
	σ_{b}/MPa							
合金钢	850	1000	1200	1350	1600	2000	2300	7000
高碳钢	800	900	1100	1200	1500	1700	2200	6000
低碳钢	700	800	900	1000	1050	1200	1500	4000

注：常温 20℃时的 σ_{b} 值：合金钢以 30CrMnSi、高碳钢以 45 号、低碳钢以 Q235 为代表。

2.2.2.2　剪切钢材时产生水平推力 T 确定

剪切过程共两个阶段，上剪刃下行及下剪刃上升，从接触轧件后剪刃继续前进剪刃压入轧件使轧件变形（图 2-25 和图 2-26）。此时轧件由直线运动开始向下倾斜产生 r 角，此为压入变形阶段。当剪刃继续前进在剪刃压到一定深度，钢材压缩面积增加，钢材此面积产生反力与剪切力 P 相当时，压入阶段结束，倾角 γ 不再增加，剪切由压入变形阶段过渡到剪切滑移阶段。因为剪刃继续前进，轧件沿剪切面产生相对移动的剪切过程，直至轧件整个截面被切断为止完成一个剪切过程。

如图 2-25 和图 2-26 所示，当剪刃压入轧件后，上下剪刃对被剪轧件的压力 P 形成一力偶 Pa，此力偶使轧件倾斜一个角度 γ。但在轧件倾斜过程中，遇到剪刃侧面阻挡，即剪刃侧面给轧件以侧推力 T，则上下剪刃的侧推力又构成另一力偶 Tc，力图阻止轧件倾斜。随着刀片的逐渐压入，轧件倾斜角度不断增大，当倾斜一个角度 γ 后便停止倾斜，此时两个力偶平衡，即：

$$Pa = Tc \qquad (2\text{-}20)$$

式中　a——剪切力 P 的力偶臂；

　　　c——水平推力 T 的力偶臂。

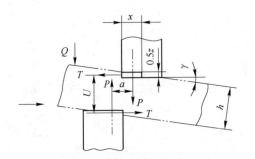

图 2-25　左进钢剪切时受力情况　　　　图 2-26　右进钢剪切时受力情况

轧件由水平位置转倾斜角为 γ，一个剪刃压入轧件一定深度为 $0.5z$；x 为剪刃与轧件接触面积的宽度，b 为轧件宽度，力 P 及 T 均作用在接触面积宽度的中间位置上。

假设在压入变形阶段剪刃与轧件接触下表面和侧面上单位压力均匀分布并相等，即：

$$\frac{P}{xb} = \frac{T}{0.5zb} \qquad (2\text{-}21)$$

$$T = P\frac{0.5z}{x} = P\tan\gamma \qquad (2\text{-}22)$$

式中　z——一个剪刃的压入轧件深度。

由图 2-25 及图 2-26 中的几何关系，得：

$$a = x = \frac{0.5z}{\tan\gamma} \qquad (2\text{-}23)$$

$$c = \frac{h}{\cos\gamma} - 0.5z \qquad (2\text{-}24)$$

将式（2-22）~式（2-24）代入式（2-20）得出，轧件的倾斜角为 γ 与剪刃压入深度 K 的关系：

$$\frac{z}{h} = 2\tan^2\gamma\cos\gamma \approx 2\tan^2\gamma \qquad (2\text{-}25)$$

由式（2-22）知，压入深度 K 越大，轧件倾斜角 γ 也越大。γ 角增大将影响剪切质量，同时推力 T 也增大，不过中高速飞剪机情况好多了，飞剪机很少采用压板。

剪切侧推力 T 可用下式确定：

$$T = (0.10 \sim 0.30)P_{\max} \quad （当 \gamma = 10° \sim 20°） \tag{2-26}$$

式中　$P_{\max}$——最大剪切力。

2.2.2.3　剪切过程中拉钢力计算

飞剪机是轧件在运动中进行剪切，故剪刃的运动除在垂直方向运动外，还有水平方向的运动。飞剪机垂直方向的运动和一般剪切机一样按上面计算与确定即可。

飞剪机在剪切过程中除了克服剪切变形所需的剪切力外，还在水平方向有侧压力、拉力。

对于飞剪机来说，侧压力 T 主要与剪切的同步性有关。图 2-27 所示钢坯在电动飞剪机上剪切时实测的 $T = f(t)$ 曲线，t 为剪切时间（单位：s）。根据实测数据，最大侧压力为最大剪切力的 17%~34%。

飞剪机的剪刃在水平方向上运动若严格和轧件同步，则剪刃在水平方向是不受力的。然而这是很难保证的。并且轧件中会产生很大的拉力。准确计算此水平拉力，对考虑轧件极限以及准确计算飞剪机的结构强度和电动机功率都是非常必要。

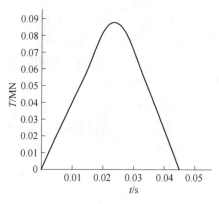

图 2-27　飞剪侧压力 $T = f(t)$ 曲线

要计算拉钢水平力，首先要计算出轧件断面曲线，当回转式飞剪机，剪刃的运动轨迹为正圆时，在剪切时间内，剪刃在水平方向的位移 ΔL_1（图 2-27）钢坯电动飞剪机上 $T = f(t)$ 实测：

$$\Delta L_1 = v_x t \tag{2-27}$$

式中　v_x——剪刃在轧件运动方向的分速度（式（2-11）或式（2-14））；

　　　t——纯剪切时间（式（2-12）或式（2-15））。

轧件在剪切时间内的位移为：

$$\Delta L_0 = v_0 t \tag{2-28}$$

式中　v_0——轧件运行速度；

　　　t——纯剪切时间，按式（2-12）及式（2-15）计算。

剪切终了轧件伸长量为 ΔL：

$$\Delta L = \Delta L_1 - \Delta L_0 \tag{2-29}$$

根据虎克定律：

$$\sigma = \varepsilon E = \frac{\Delta L}{L} E$$

计算剪切水平拉力 Q：

$$Q = F\sigma = \frac{\Delta L}{L} EF \tag{2-30}$$

式中　F——轧件横截面积；

　　　L——剪切终了时，飞剪机与连轧机最后机架的轧辊（或送料辊）间的轧件长度；

　　　E——剪切温度在700~800℃时 $E = 45000 \sim 60000 \text{N/mm}^2$。

事实上所计算出的拉力比实际拉力大，因为：（1）式（2-3）及式（2-7）中 ε_d 是采用一般剪切机的实验数据，现在对飞剪机来说，由于拉力和剪切力联合作用切断要更早些。即 ε_d 减小，φ_2 增大，ΔL 减小，水平拉力 Q 自然减少；（2）剪切时由于载荷增加（动态速降）这就使 ΔL 比 v_0 不变时所计算的值要小些。

值得注意的是，对于剪切中小断面飞剪机，一般采用式（2-30）计算水平力是否合适，但剪切大断面轧件水平力时需斟酌一下。

钢的化学成分及其力学性能见表2-2。

表 2-2　钢的化学成分及其力学性能

钢号	化学成分/%							力学性能			
	C	Si	Mn	P	S	Cr	Ni	σ_s/MPa	σ_h/MPa	δ/%	ψ/%
钢 Э-16	0.16	0.23	0.34	0.018	0.006	1.42	4.31	—	1150	9.0	45
弹簧钢	0.75	0.31	0.63	0.028	0.020	0.15	—	585	1008	10.8	30
轴承钢	0.40	0.33	0.55	0.024	0.027	1.10	0.13	448	838	16.6	63
不锈钢	0.14	0.70	0.50	0.020	0.020	13.1	8.5	—	600	45.0	60
钢绳钢	0.47	0.23	0.58	0.027	0.030	0.05	—	354	673	19.7	44
20	0.20	0.24	0.52	0.026	0.030	0.04	—	426	537	21.7	69
1015	0.15	0.20	0.40	0.040	0.040	0.20	0.3	180	380	32.0	55

钢的热剪切抗力曲线如图2-28~图2-41所示。

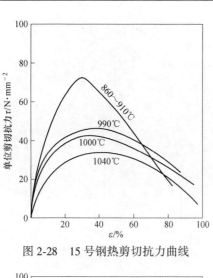

图 2-28 15 号钢热剪切抗力曲线

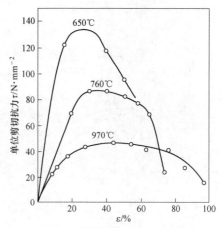

图 2-29 20 号钢热剪切抗力曲线

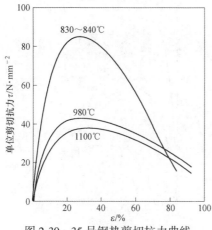

图 2-30 35 号钢热剪切抗力曲线

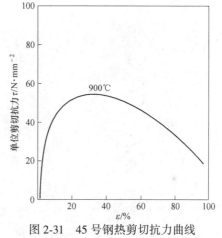

图 2-31 45 号钢热剪切抗力曲线

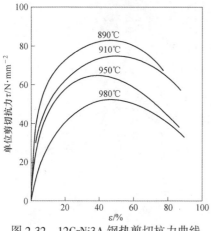

图 2-32 12CrNi3A 钢热剪切抗力曲线

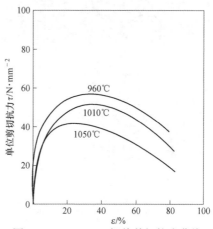

图 2-33 20CrNi3A 钢热剪切抗力曲线

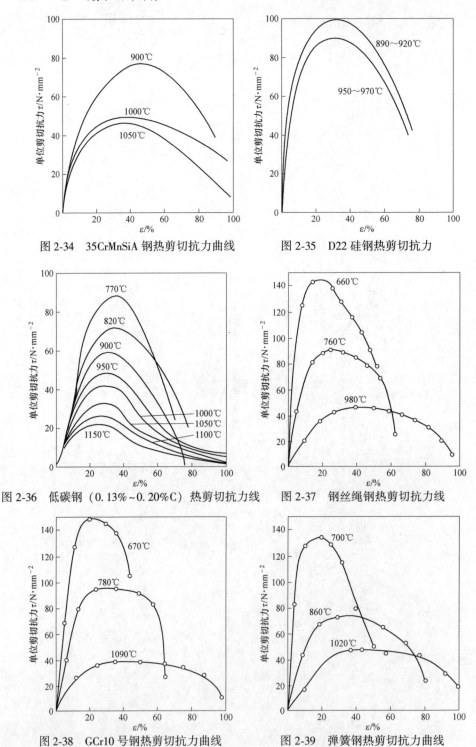

图 2-34　35CrMnSiA 钢热剪切抗力曲线

图 2-35　D22 硅钢热剪切抗力

图 2-36　低碳钢（0.13%~0.20%C）热剪切抗力线

图 2-37　钢丝绳钢热剪切抗力线

图 2-38　GCr10 号钢热剪切抗力曲线

图 2-39　弹簧钢热剪切抗力曲线

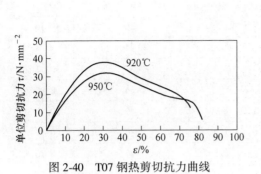

图 2-40 T07 钢热剪切抗力曲线 　　图 2-41 18CrNiWA 钢热剪切抗力曲线

冷剪各种金属剪切抗力曲线如图 2-42 所示。

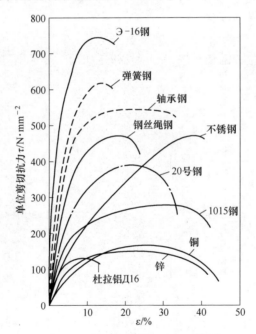

图 2-42 冷剪各种金属剪切抗力曲线

热剪各种金属时的 τ_{max}、ε_0 及 a 值见表 2-3。

表 2-3 热剪各种金属时的 τ_{max}、ε_0 及 a 值

钢种	温度/℃	τ_{max}/MPa	ε_0	a/N·mm·mm^{-3}	τ_m/τ_{max}
	650	137	0.65	66	0.74
钢20	760	88	0.72	47	0.74
	970	48	1.0	32	0.67

钢种	温度/℃	τ_{max}/MPa	ε_0	a/N·mm·mm^{-3}	τ_m/τ_{max}
钢丝绳钢	660	145	0.55	56	0.70
	760	91	0.65	44	0.74
	980	45	1.0	32	0.71
轴承钢	670	150	0.45	54	0.80
	780	96	0.65	49	0.79
	1090	38	1.0	30	0.79
弹簧钢	700	133	0.5	47	0.70
	860	74	0.8	44	0.75
	1020	48	1.0	35	0.73

2.2.2.4　飞剪机剪切扭矩计算

A　回转式飞剪机最大剪切扭矩计算

回转式飞剪机左进钢和右进钢时剪切扭矩如图 2-43 和图 2-44 所示。

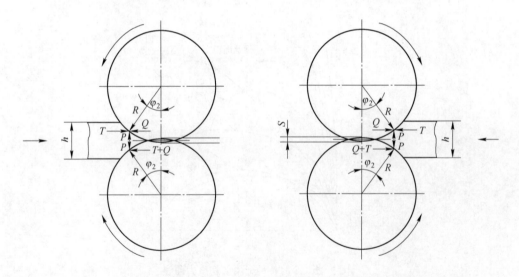

图 2-43　回转式飞剪机左进钢时剪切扭矩　　图 2-44　回转式飞剪机右进钢时剪切扭矩

　　a　上刀杆剪切扭矩

$$M_1 = P_{max}R\sin\varphi_2 - TR\cos\varphi_2 + QR\cos\varphi_2 \tag{2-31}$$

式中　P_{max}——最大剪切力；

　　　R——刀杆长度（含剪刃）；

　　　φ_2——剪切力最大时剪刃角度；

　　T——侧向推力，见式（2-26）；

　　Q——水平拉力，见式（2-30）。

b　下刀杆剪切扭矩

$$M_2 = PR\sin\varphi_2 + TR\cos\varphi_2 + QR\cos\varphi_2 \qquad (2\text{-}32)$$

c　总剪切扭矩

$$M_\Sigma = M_1 + M_2 \qquad (2\text{-}33)$$

B　曲柄连杆式飞剪机最大剪切扭矩计算

曲柄连杆式飞剪机左进钢、右进钢时剪切扭矩如图 2-45 和图 2-46 所示。

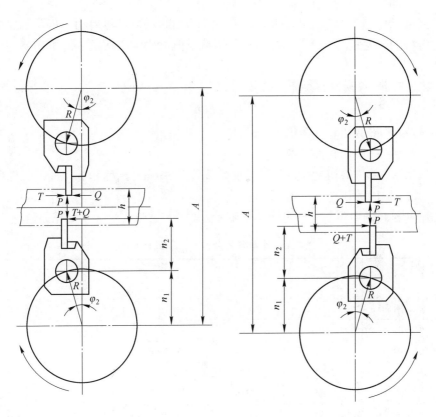

图 2-45　曲柄连杆式飞剪机　　　　图 2-46　曲柄连杆式飞剪机
　　左进钢时剪切扭矩　　　　　　　右进钢时剪切扭矩

a　上曲柄剪切

$$M_1 = PR\sin\varphi_2 - TR\cos\varphi_2 + QR\cos\varphi_2 \qquad (2\text{-}34)$$

式中　P——剪切力；

R——曲柄半径；

φ_2——剪切力最大时剪刃角度；

T——侧向推力，$T = 0.1P$，见式（2-26）；

Q——水平拉力，见式（2-30）。

b 下曲柄剪切扭矩

$$M_2 = PR\sin\varphi_2 + TR\cos\varphi_2 + QR\cos\varphi_2 \qquad (2-35)$$

c 总剪切扭矩

$$M_\Sigma = M_1 + M_2 \qquad (2-36)$$

2.2.3 剪切功计算

启动工作制飞剪机的剪切功率，主要由飞剪机的电动机启动扭矩及飞剪机的传动部件的飞轮矩（GD^2）来确定，剪切扭矩值对确定飞剪机电动机功率是重要参考作用。

2.2.3.1 剪切时需要的剪切功 A_1

$$A_1 = Fha \qquad (2-37)$$

式中 F——被剪切轧件面积（mm^2）；

h——被剪切轧件厚度（mm）；

a——单位剪切功，也就是被剪切高度为 1mm、断面积为 $1mm^2$ 试件所需的剪切功。

某些材料的单位剪切功见表 2-3 和表 2-4。

表 2-4 冷剪各种金属 τ_{max}、ε_0 和 a 值

材 料	τ_{max}/MPa	$\dfrac{\tau_{max}}{\sigma_b}$	ε_0	$a/N \cdot mm \cdot mm^{-3}$	$\dfrac{\tau_m}{\tau_{max}}$
Э-16 钢	750	0.65	0.16	97	0.81
弹簧钢	610	0.61	0.16	74	0.76
轴承钢（ШХ-10）	540	0.64	0.33	150	0.84
不锈钢（ЭЯ-1）	470	0.79	0.40	124	0.66
钢丝绳钢	460	0.69	0.23	85	0.80
20 号钢	380	0.70	0.35	104	0.78
1015 钢	280	0.74	0.41	97	0.84
铜	160	0.80	0.42	57	0.85
锌	150	0.91	0.41	52	0.84
硬铝（Д16-M）	130	—	0.13	13	0.77

如果所剪的轧件材料没有单位剪切功的试验数据，可近似用下式确定 a 值：

$$a = \tau_m \varepsilon_z \qquad (2\text{-}38)$$

式中 τ_m——平均单位剪切阻力，$\tau_m = (0.75 \sim 0.85)\tau_{max}$，$\tau_{max}$ 值可由表 2-3 和表 2-4 选取；

ε_z——断裂时的相对切入深度。

这些数值如不能在单位剪切阻力曲线上找出，可通过所剪材料的强度限 σ_b 和伸长率 δ 近似求出，即算出单位剪切功 a：

$$\tau_m = k_1 \sigma_b \qquad (2\text{-}39)$$
$$\varepsilon_z = K_2 \delta \qquad (2\text{-}40)$$
$$a = K_1 \sigma_1 K_2 \delta \qquad (2\text{-}41)$$

一般取 $K_1 = 0.6$，$K_2 = 1.2 \sim 1.6$，则：

$$a \approx (0.72 \sim 0.92)\sigma_b \delta$$

2.2.3.2 剪切开始时电动机的转速 n_1

$$n_1 = \frac{60 v_0 i \lambda}{\pi D \cos\varphi_1} \qquad (2\text{-}42)$$

式中 v_0——被剪切轧件速度，m/s；

i——飞剪机速比；

λ——增速系数，$\lambda = 1.01 \sim 1.03$，在计算时初步估算，剪刃速度值高一点；

D——(1) 回转式飞剪机是刀杆的回转直径（含剪刃）；(2) 曲柄连杆式飞剪机是曲柄的回转直径（$2R$）；

φ_1——剪切开始角，见式 (2-1) 和式 (2-5)。

2.2.3.3 剪切终了时电动机的转速 n_2

$$n_2 = \sqrt{\frac{\Sigma GD^2 n_1^2 - 720 A_1}{\Sigma GD^2}} \qquad (2\text{-}43)$$

式中 ΣGD^2——飞剪机总飞轮矩（含电动机），飞剪机所有零部件折到电动机轴上，N·m²；

A_1——飞剪机总剪切功，N·m；

n_1，n_2——剪切开始与终了时电动机的转速，r/min。

2.2.3.4 用飞轮矩计算总剪切功 A_2

计算飞剪机的传动装置时，忽略在剪切时间电动机的工作，在轧件进行剪切时仅仅由飞轮放出的能量来确定飞轮矩 ΣGD^2 的数值，飞剪机的总剪切功 A_2 为：

$$A_2 = \frac{\Sigma GD^2}{720}(n_1^2 - n_2^2) \qquad (2\text{-}44)$$

当 $A_2 > A_1$ 则可忽略电动机的工作。

2.2.3.5　估算飞剪机的总飞轮扭矩

$$\Sigma GD^2 = \frac{720A_1}{n_1^2 - n_2^2} \tag{2-45}$$

2.2.3.6　电动机的动态速降 C

$$C = n_1 - n_2 \tag{2-46}$$

2.2.4　电动机功率计算

　　飞剪机用电动机选型，飞剪机专用电动机是低惯量频繁启动制动电动机，起动时可以达到 3.5 倍额定扭矩，在设计计算时用 3 倍额定扭矩起动飞剪机。中高速飞剪机的剪刃从静止状态到剪切速度，仅用零点几秒。剪刃从在初始固定位置起动剪刃到开始剪切位置，剪刃速度要达到剪切速度，剪切后开始制动，剪刃回到剪刃初始固定位置，等待下一次剪切。低惯量、频繁启动、频繁制动电动机才能满足高速飞剪机要求。

　　2.2.4.1　用剪切扭矩来计算电动机功率 N_H

$$N_H = \frac{M_\Sigma n_1}{9550\lambda i\eta} \tag{2-47}$$

式中　M_Σ——总剪切力矩，见式（2-33）和式（2-36）；

　　　n_1——剪切开始时电动机转速，见式（2-42）；

　　　λ——起动倍数，飞剪机电动机起动扭矩，是电动机额定扭矩 M_e 的倍数，一般 $\lambda = 3$；

　　　i——飞剪机的速比；

　　　η——传动系统效率。

　　2.2.4.2　初步电动机起动参数

　　这一段是最重要的计算，设计飞剪机必须知道，起动、制动时间与剪刃行程才能保证飞剪机正常使用。

　　A　电动机折算到剪刃的额定扭矩 M_e

$$M_e = \frac{9550N_H i}{n} \tag{2-48}$$

式中　N_H——电动机额定功率；

　　　i——飞剪机的速比；

　　　n——电动机额定转速。

　　B　电动机的起动扭矩 M_q（先估计）

$$M_q = (2 \sim 3.5) \times M_e \tag{2-49}$$

　　C　电动机的摩擦扭矩 M_c

飞剪机的部件等均为高精度加工，优质流动轴承摩擦力很小，飞剪机总体摩擦扭矩小，可按下式近似计算：

$$M_c = \frac{M_\Sigma}{i}(1.5 \sim 3)/100 \tag{2-50}$$

式中　M_Σ——飞剪机剪切总扭矩，见式（2-33）和式（2-36）。

　　D　起动时间 t_q

$$t_q = \frac{\Sigma GD^2 n_1}{375(M_q - M_c)} \tag{2-51}$$

式中　ΣGD^2——飞剪机总飞轮扭矩；

　　　　n_1——剪切开始时电动机转速。

　　E　起动行程 φ_q

$$\varphi_q = \frac{n \times 360 \times t_q}{60 \times 2}$$

$$\varphi_q = 3n_1 t_q \tag{2-52}$$

式中　n_1——剪切开始时电动机转速，见式（2-42）；

　　　　t_q——起动时间。

上面计算结果能满足剪切要求，但有时需要反复推算，主要起动扭矩大一些。如设计追求极致完美，计算做到精准完整。

2.2.4.3　准确计算起动参数

　　A　起动行程 φ_q

回转式飞剪机的刀杆或曲柄连杆式飞剪机的曲柄回转半径转 β 角即开始剪切，为了更稳妥再提前5°。

$$\varphi_q = \beta - 5° \tag{2-53}$$

式中　β——剪切开始角，由式（2-2）和式（2-6）确定。

　　B　起动时间 t_q

由公式（2-52）转换为下式：

$$t_q = \frac{\varphi_q}{3n_1} \tag{2-54}$$

这样可以直接准确算出所要求的起动行程 φ_q、起动时间 t_q、起动扭矩 M_q。

　　C　起动扭矩

将式（2-51）转换一下如式（2-55）计算起动扭矩：

$$M_q = \frac{\Sigma GD^2 n_1}{375 t_q} + M_c \tag{2-55}$$

式中　n_1——剪切开始时电动机转速，见式（2-42）；

　　　　M_c——摩擦扭矩，见式（2-50）；

t_q——起动时间，见式（2-54）。

D 剪切行程、剪切时间

回转式飞剪机，刀杆起动，转一定角度达到要求剪切速度，很快将轧件剪断。但剪刃还在轧件前面，如果很快制动则剪刃可能挡住轧件前进，所以剪刃旋转再等速转动一定角度，可以让剪刃从原始位置转 190°再制动。转 170°剪刃回到原始位置剪刃固定。

剪切行程：

$$\varphi_j = 190° - \varphi_q \qquad (2-56)$$

式中 φ_q——起动行程。

剪切时间 t_j：

$$t_j = \frac{\varphi_j}{3n_1} \qquad (2-57)$$

式中 n_1——剪切开始时电动机转速。

2.2.4.4 初步计算制动参数

A 制动时间 t_z

$$t_z = \frac{\Sigma GD^2 n_2}{375(M_z + M_c)} \qquad (2-58)$$

式中 n_2——剪切终了时电动机转速。

B 制动扭矩 M_z（先估计）

$$M_z = (2 \sim 2.9)M_e \qquad (2-59)$$

C 制动行程 φ_z

$$\varphi_z = \frac{n_2 \times 360 \times t_z}{60 \times 2}$$

$$\varphi_z = 3n_2 t_z \qquad (2-60)$$

D 剪刃停的位置

$$\varphi = \varphi_z + \varphi_1 \qquad (2-61)$$

式中 φ_1——剪切开始角，由式（2-1）或式（2-5）确定。

2.2.4.5 准确计算制动参数

上面计算制动时间结果先假设制动扭矩，有时需要反复推算。如设计追求极致完美，计算做到精准完整，按下面确定与计算。

A 制动行程 φ_z

回转式飞剪机：

$$\varphi_z \approx 360° - 180° - (10° \sim 20°) = 150° \sim 170° \qquad (2-62)$$

曲柄连杆式飞剪机：

$$\varphi_z \approx 360° - 180° - (20° \sim 50°) = 130° \sim 160° \tag{2-63}$$

B 制动时间计算 t_z

$$t_z = \frac{\varphi_z}{3n_1} \tag{2-64}$$

C 制动扭矩 M_z

$$M_z = \frac{\Sigma GD^2 n_2}{375 t_z} - M_c \tag{2-65}$$

式中 n_2——制动开始时电动机转速，见式（2-43）；

M_c——摩擦扭矩，见式（2-50）。

2.2.4.6 剪切过程说明

飞剪机剪切轧件时，在剪切终了角，轧件已被剪断。此时剪刃仍在轧件前面，剪刃不能减速或制动，一般操作剪刃继续前进，剪刃离开中心线 10°~30° 再进行减速，所以制动行程 $\varphi_z = 150° \sim 170°$ 仅是计算过程参考数值。

2.2.4.7 飞剪机电动机发热验算（均方根扭矩计算）

电动机的扭矩与其电流成正比，电流与电动机发热有关。均方根扭矩计算可算出电动机发热情况，先需要画出飞剪机剪切负荷图，包括电动机型号及额定扭矩。飞剪机剪切负载图如图 2-47 所示，回转式飞剪机剪切过程示意图如图 2-48 所示。

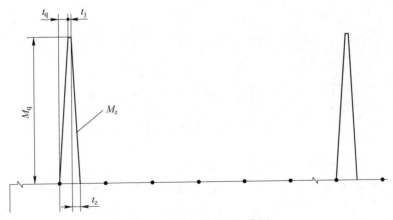

图 2-47 飞剪机剪切负载图

根据图 2-48 和图 2-49，均方根扭矩按式（2-66）计算：

$$M_{jun} = \sqrt{\frac{M_q^2 t_q + M_j^2 t_j + M_z^3 t_z}{C(t_q + t_j + t_z) + t_k}} \tag{2-66}$$

式中 M_q——起动扭矩；

      M_j——剪切扭矩；

      M_z——制动扭矩；

      t_q——起动时间；

      t_j——剪切时间；

      t_z——制动时间；

      t_k——空载时间；

      C——电动机在起动、剪切、制动过程中散热恶化系数，由于采用频繁起制动 ZFQZ 电动机，是封闭式强迫通风，采用 $C = 0.95$。

T_0 为一个循环周期时间的总和，$T_0 = t_q + t_j + t_z + t_k$。

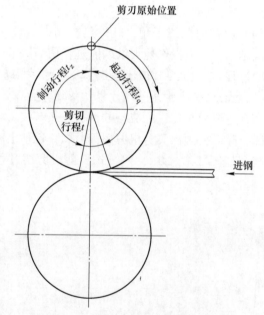

图 2-48 回转式飞剪机剪切过程示意图

    一般飞剪机不切头、切尾，后面第二个计算实例钢材倍尺长 130m，这样一条钢只剪 3 次，也可以说一个循环周期时间只剪 3 次。有的只剪切头不切尾，一个循环周期时间只剪 4 次，本计算按 4 次计算。即切头又切尾，一个循环周期时间剪 5 次，操作有点麻烦，必要性不大，如果生产单位要剪 5 次，则均方根按 5 次计算，看计算结果电动机额定扭矩比均方根大，剪 5 次没有问题。

$$M_{jun} \leqslant M_e \tag{2-67}$$

均方根扭矩 $M_{jun} \leqslant$ 额定扭矩 M_e，即安全。

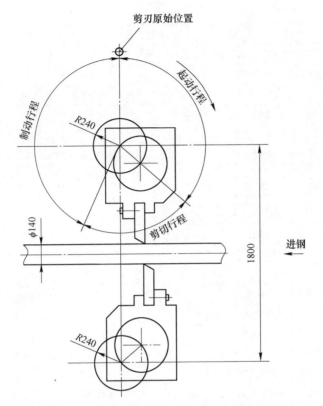

图 2-49 曲柄连杆式飞剪机剪切过程示意图

2.3 圆盘连续回转式高速飞剪机设计计算实例

这台飞剪机 2021 年投产 2 台套，现在使用一切正常。计算对照图 2-4 所示圆盘连续回转式高速飞剪机及图 2-5 所示圆盘连续回转式高速飞剪机剖视图。由于剪切速度高采用连续旋转工作制。钢材在电动导管中运行，当得到信号时导管带钢材进入剪刃间，剪毕导管带着钢材回到原来位置。

2.3.1 飞剪机计算原始数据

圆盘连续回转式飞剪机设计原始条件及计算结果见表 2-5 和表 2-6。

表 2-5 圆盘连续回转式飞剪机设计原始条件及计算结果

序号	项　　目	主要技术指标
1	工作形式	圆盘连续回转式飞剪机
2	工作制度	电动机飞剪机采用连续旋转工作制

续表 2-5

序号	项　目	主要技术指标
3	直流电动机 ZFQZ-315-31	360kW-1200r/min
4	设备功能	倍尺剪切
5	剪切钢材材质	螺纹钢
6	剪切温度	>650℃
7	剪切速度	15~40m/s
8	被剪切钢材形状、尺寸	圆钢、螺纹钢 ϕ12~32mm（本实例只计算切 ϕ18mm）
9	剪切精度	±100mm（投产时现场实测值）
10	剪刃宽度	50mm
11	剪刃重叠量	$S=1$mm
12	进钢方向	左进右出
13	飞剪机本体轴承	进口 FWA 轴承
14	飞剪机本体中心距	$A=710$mm
15	刀杆半径	$R=355$mm
16	齿轮材料 20CrNi2MoA	齿轮全部采用硬齿面
17	圆柱齿轮精度不低于	ISO 1328-1：1995 的 5 级，整体精度 5 级
18	齿形进行修形，齿面接触合格	接触斑点齿长大于 70%、齿高大于 50%修形除外
19	焊接箱体进行两次退火	清除内应力，保证箱体不变形
20	箱体涂漆按 JB/T 5000.12—1998	底漆按 C06-1 铁红醇酸底漆，面漆 C04-2 醇酸磁漆
21	飞剪机本体稀油集中润滑	车间油库供油，箱体外部管路采用钢管接头
22	飞剪机总飞轮矩	$\Sigma GD^2=4592$N·m^2

表 2-6　计算结果

序号	项　目	计算结果
1	剪切开始角（Ⅰ）	$\varphi_1=13.287°$
2	剪切力最大时刀杆角	$\varphi_2=11.186°$
3	剪切终了时刀杆角	$\varphi_3=8.698°$
4	最大剪切力计算（切 ϕ18mm）	$P_{max}=42756$N·m
5	上剪刃剪切扭矩	$M_1=2029.4$N·m
6	下剪刃剪切扭矩	$M_2=5007.6$N·m
7	总剪刃剪切扭矩	$M_\Sigma=7037$N·m
8	剪切开始时电动机的转速	$n_1=1127.695$r/min
9	剪切终了时电动机的转速	$n_2=1127.7$r/min
10	纯剪切时间	$T=0.000678$s
11	剪切轧件的需要的剪切功	$A_1=215.3$N·m
12	飞轮矩放出的剪切功	$A_2=216.8$N·m

2.3.2　飞剪机有关参数确定

计算剪切 $\phi18$mm 螺纹钢：

圆盘连续回转式飞剪机剪切角计算：

（1）剪切开始角（Ⅰ）φ_1（式（2-1））：

$$\cos\varphi_1 = 1 - \frac{h+S}{2R} = 1 - \frac{18+1}{2\times355} = 0.97323$$

式中，$R=355$mm；$h=18$mm；$S=1$mm；$\cos\varphi_1=0.97323$；$\varphi_1=13.287°$。

（2）剪切力最大时刀杆角 φ_2（式（2-3））：

$$\cos\varphi_2 = 1 - \frac{h(1-\varepsilon_d)+S}{2R} = 1 - \frac{18(1-0.3)+1}{2\times355} = 0.981$$

式中，$\varepsilon_d=0.3$；$R=355$mm；$h=18$mm；$S=1$mm；$\cos\varphi_2=0.981$；$\varphi_2=11.186°$。

（3）剪切终了角 φ_3（式（2-4））：

$$\cos\varphi_3 = 1 - \frac{(1-\varepsilon_d)h+S}{2R} = 1 - \frac{(1-0.6)\times18+1}{2\times355} = 0.9885$$

式中，$\varepsilon_d=0.6$；$R=355$mm；$h=18$mm；$S=1$mm；$\cos\varphi_3=0.9885$；$\varphi_3=8.698°$。

（4）速度与时间（被剪切轧件速度=40m/s）：

1）剪刃圆周速度（式（2-9）和式（2-10））：

$$v = \frac{\pi Dn}{60} = \frac{\pi\times710\times1127.68}{60} = 41922\text{mm/s}$$

$$n = \frac{60v_0\times\lambda}{\pi D\cos\varphi_1} = \frac{60\times40000\times1.02}{\pi\times710\times0.97323} = 1127.68\text{mm/s}$$

式中，$v=41922$mm/s；$D=710$mm；$v_0=40000$mm/s；$\lambda=1.02$；$n=1127.68$；$\varphi_1=13.287°$。

2）剪切开始时剪刃水平速度（式（2-11））：

$$v_x = v\cos\varphi_1 = 41922\times\cos13.287° = 40799.75\text{mm/s}$$

式中　v_x——剪刃水平速度；

　　　　v——剪刃圆周速度。

3）纯剪切时间（式（2-12））：

$$t = \frac{\varphi_1-\varphi_3}{360°}\frac{\pi D}{v} = \frac{(13.287°-8.698°)\times\pi\times710}{360°\times41922} = 0.000678\text{s}$$

式中，$\varphi_1=13.287°$；$\varphi_3=8.698°$；$D=710$mm；$v=41922$mm/s。

2.3.3　剪切力计算及剪切扭矩计算

（1）最大剪切力计算 P_{max}（式（2-16））：

$$P_{max} = K\tau_{max}F = 1.2 \times 140 \times 254.5 = 42756N$$

式中，$K = 1.2$；$\tau_{max} = 140N/mm^2$（高碳钢650°热切抗力）；钢材直径$D = 18mm$，

$$F = \frac{\pi \times 18^2}{4} = 254.5mm^2 。$$

（2）剪切钢材时产生水平推力T确定（式（2-26））：

$$T = 0.1P_{max} = 0.1 \times 42756 = 4275.6N$$

（3）剪切过程中拉钢力计算：

1）在剪切时间时剪刃的水平位移（图2-15、图2-16和式（2-27））：

$$\Delta L_1 = v_x t = 40799.75 \times 0.000678 = 27.66mm$$

式中，$v_x = 40799.75mm/s$；$t = 0.000678s$。

2）在剪切时间时轧件的水平位移（图2-15、图2-16和式（2-28））：

$$\Delta L_0 = v_0 t = 40000 \times 0.000678 = 27.12mm$$

3）在剪切终了轧件伸长量ΔL（式（2-29））：

$$\Delta L = \Delta L_1 - \Delta L_0 = 27.66 - 27.12 = 0.54mm$$

4）计算水平拉力Q（式（2-30））：

$$Q = \frac{\Delta L}{L}EF = \frac{0.54}{5000}60000 \times 254.5 = 1649.16N$$

式中，$L = 5000mm$；$E = 60000N/mm^2$；$F = 254.5mm^2$。

（4）回转式飞剪机剪切扭矩计算：

1）上刀杆剪切扭矩（图2-43、图2-44和式（2-31））：

$$M_1 = P_{max}R\sin\varphi_2 - TR\cos\varphi_2 + QR\cos\varphi_2 = R(P_{max}\sin\varphi_2 - T\cos\varphi_2 + Q\cos\varphi_2)$$
$$= 355(42756\times\sin11.186° - 4275.6\times\cos11.186° + 1649\times\cos11.186°)$$
$$= 2029393N \cdot mm$$
$$= 2029.393N \cdot m$$

式中，$P_{max} = 42756N$；$R = 355mm$；$\varphi_2 = 11.186°$；$T = 4275.6N$；$Q = 1649N$。

2）下刀杆剪切扭矩（图2-43、图2-44和式（2-32））：

$$M_2 = PR\sin\varphi_2 + TR\cos\varphi_2 + QR\cos\varphi_2 = R(P\sin\varphi_2 + T\cos\varphi_2 + Q\cos\varphi_2)$$
$$= 355(42756\times\sin11.186° + 4275.6\times\cos11.186° + 1649\times\cos11.186°)$$
$$= 5007655N \cdot mm$$
$$= 5007.655N \cdot m$$

3）总剪切扭矩（式（2-33））：

$$M_\Sigma = M_1 + M_2 = 2029.393 + 5007.655 = 7037N \cdot m$$

2.3.4 剪切功计算

（1）剪切时需要的剪切功（式（2-37））：

$$A_1 = Fha = 254.5 \times 18 \times 47 = 215307 = 215.307 \text{N} \cdot \text{m}$$

式中，$F = 254.5 \text{mm}^2$；$h = 18 \text{mm}$；$a = 47 \text{N} \cdot \text{mm} \cdot \text{mm}^{-3}$，单位剪切功见表 2-3 及图 2-44。

（2）剪切开始时电动机的转速 n_1（式（2-42））：

$$n_1 = \frac{60 v_0 i \lambda}{\pi D \cos \varphi_1} = \frac{60 \times 40000 \times 1 \times 1.02}{\pi \times 710 \times \cos 13.287°} = 1127.695 \text{r/min}$$

式中，$v_0 = 40000 \text{mm/s}$；$i = 1$；$\lambda = 1.02$；$D = 710 \text{mm}$；$\varphi_1 = 13.287°$。

（3）剪切终了时电动机转速 n_2（式（2-43））：

$$n_2 = \sqrt{\frac{\Sigma GD^2 n_1^2 - 720 A_1}{\Sigma GD^2}} = \sqrt{\frac{4592 \times 1127.695^2 - 720 \times 215.307}{4592}} = 1127.68 \text{r/min}$$

式中，$\Sigma GD^2 = 4592 \text{N} \cdot \text{m}^2$；$A_1 = 215.307 \text{N} \cdot \text{m}$；$n_1 = 1127.695 \text{r/min}$。

（4）通过飞轮矩计算总剪切功 A_2：

计算飞剪机的传动装置时，忽略在剪切时间电动机的工作，在轧件进行剪切时仅仅由飞轮放出的能量来确定飞轮矩 ΣGD^2 的数值，飞剪机的总剪切功 A_2（式（2-44））：

$$A_2 = \frac{\Sigma GD^2}{720}(n_1^2 - n_2^2) = \frac{4592}{720}(1127.695^2 - 1127.68^2) = 216.8 \text{N} \cdot \text{m}$$

当 $A_2 > A_1$ 时，剪切可以忽略电动机工作。

（5）估算飞剪机的总飞轮扭矩（式（2-45））：

$$\Sigma GD^2 = \frac{720 A_2}{n_1^2 - n_2^2} = \frac{720 \times 216.8}{1127.695^2 - 1127.68^2} = 4592 \text{N} \cdot \text{m}^2$$

（6）电动机的动态速降 C（式（2-46））：

$$C = n_1 - n = 1127.695 - 1127.68 = 0.34 \text{r/min}$$

2.3.5 电动机计算

用剪切扭矩初步计算电动机功率 N_H（式（2-47））：

$$N_H = \frac{M_\Sigma n_1}{9550 \lambda i \eta} = \frac{7037.3 \times 1127.695}{9550 \times 3 \times 1 \times 0.98} = 282.6 \text{kW}$$

式中，$M_\Sigma = 7037.3 \text{N} \cdot \text{m}$；$n_1 = 1127.695 \text{r/min}$；$\lambda = 3$；$i = 1$；$\eta = 0.98$。

仅用剪切扭矩计算电动机，只是重要参考，因为在剪切时间，不单电动机工作，特别飞剪机有大量飞轮矩共同作用。现在初选 ZFQ-315-31 电动机（360kW、1200r/min）。

（1）电动机的额定扭矩 M_e（式（2-48））：

$$M_e = \frac{9550 N_H i}{n} = \frac{9550 \times 360 \times 1}{1200} = 2865 \text{N} \cdot \text{m}$$

最大扭矩：

$$M = 2865 \times 3 = 8595 \text{N} \cdot \text{m}$$

式中，$N_H = 360\text{kW}$；$i = 1$；$n = 1200\text{r/min}$。

电动机最大扭矩 8595N·m > M_Σ（7037.3N·m）；仅电动机最大扭矩即可切断钢材，还有飞轮效应（剪切功）作用（也能切断钢材）。本飞剪机同时剪切两根 ϕ18mm 螺纹钢没有问题。

（2）起动时间计算：

1）电动机摩擦扭矩 M_c（式（2-50））：

$$M_c = \frac{M_\Sigma}{i} \frac{2.5}{100} = \frac{7037.3}{1} \frac{2.5}{100} = 176 \text{N} \cdot \text{m}$$

式中，$M_\Sigma = 7037.3 \text{N} \cdot \text{m}$。

2）起动时间 t_q（式（2-51））：

$$t_q = \frac{\Sigma GD^2 n_1}{375(M_q - M_c)} = \frac{4592 \times 1127.695}{375(2865 - 176)} = 5.143\text{s}$$

式中，$\Sigma GD^2 = 4592 \text{N} \cdot \text{m}^2$；$n_1 = 1127.695\text{r/min}$；$M_q = M_e = 2865\text{N} \cdot \text{m}$；$M_c = 176\text{N} \cdot \text{m}$。

2.4 刀杆回转起停式飞剪机设计计算实例

2.4.1 飞剪机计算原始数据

这台飞剪机 2011 年投产后，现在使用一切正常。表 2-7 和表 2-8 飞剪机是组合式飞剪机，即有回转式飞剪机也有曲柄连杆式飞剪机。本节只计算回转式飞剪机（参见图 2-1 及图 2-8）。关于曲柄连杆式飞剪机的计算实例见 2.5 节，曲柄连杆式飞剪机比这台组合式飞剪机投产时间更长，早投产 5 年。剪切断面更大，剪切 ϕ130~140mm 圆钢的曲柄连杆式飞剪机计算实例见 2.5 节。

表 2-7 刀杆回转起停式飞剪机设计原始条件及计算结果

序号	项　目	主要技术指标
1	工作形式	飞剪机组合式（回转式及曲柄连杆式）
2	工作制度	电动机起停工作制、起制动转矩>额定转矩 3 倍
3	直流电动机 ZFQZ-400-42	430kW-500r/min
4	设备功能	剪切成品钢材倍尺 $L_1 = 130$m，一根钢切 3~5 次
5	剪切钢材材质	合金结构钢、螺纹钢等、弹簧钢
6	剪切温度	>600℃

序号	项 目	主要技术指标
7	剪切速度	$3 \sim 22\text{m/s}$
8	被剪切钢材形状，圆钢、螺纹钢	$\phi 12 \sim 30\text{mm}$（本实例只计算回转式）
9	剪切精度	$0.005 \times$ 剪速
10	剪刃宽度	160mm
11	剪刃重叠量	$2 \sim 3\text{mm}$
12	进钢方向	右进左出
13	飞剪机本体轴承	进口FWA轴承
14	飞剪机本体中心距	$A = 1145\text{mm}$
15	刀杆半径	$R = 572.5\text{mm}$
16	齿轮材料20CrNi2MoA	齿轮全部采用硬齿面
17	圆柱齿轮精度不低于	ISO 1328-1：1995的5级，整体精度5级
18	齿形进行修形，齿面接触合格	接触斑点齿长大于70%、齿高大于50%修形除外
19	焊接箱体进行二次退火	清除内应力，保证箱体不变形
20	箱体涂漆按JB/T 5000.12—1998	底漆按C06-1铁红醇酸底漆，面漆C04-2醇酸磁漆
21	飞剪机本体稀油集中润滑	车间油库供油，箱体外部管路采用钢管接头
22	飞剪机总飞轮矩	$\Sigma GD^2 = 2452\text{N} \cdot \text{m}$

表2-8 计算结果

序号	项 目	计算结果
1	剪切开始角（Ⅰ）	$\varphi_1 = 13.789°$
2	剪切开始角（Ⅱ）	$\beta = 166.211°$
3	剪切力最大时刀杆角	$\varphi_2 = 11.760°$
4	剪切终了时刀杆角	$\varphi_3 = 9.284°$
5	最大剪切力计算（切ϕ30mm）	$P_{\max} = 128674\text{N} \cdot \text{m}$
6	上剪刃剪切扭矩	$M_1 = 11476.9\text{N} \cdot \text{m}$
7	下剪刃剪切扭矩	$M_2 = 25900\text{N} \cdot \text{m}$
8	总剪刃剪切扭矩	$M_\Sigma = 37377\text{N} \cdot \text{m}$
9	剪切开始时电动机的转速	$n_1 = 486.12\text{r/min}$
10	剪切终了时电动机的转速	$n_2 = 485.8\text{r/min}$
11	实际操作采用的剪切时间	$t_j = 0.013\text{s}$
12	纯剪切时间	$t = 0.002045\text{s}$

2.4.2　飞剪机有关参数确定

回转式飞剪机剪切角计算：

（1）剪切开始角（ⅰ）φ_1（式（2-1））：

$$\cos\varphi_1 = 1 - \frac{h+S}{2R} = 1 - \frac{30+3}{2 \times 572.5} = 0.97118$$

式中，$R = 572.5\text{mm}$；$h = 30\text{mm}$；$S = 3\text{mm}$；$\cos\varphi_1 = 0.97118$；$\varphi_1 = 13.789°$。

（2）剪切开始角（ⅱ）β（式（2-2））：

$$\beta = 180° - \varphi_1 = 180° - 13.789° = 166.211°$$

式中，$\varphi_1 = 13.789°$。

（3）剪切力最大时刀杆角 φ_2（式（2-3））：

$$\cos\varphi_2 = 1 - \frac{h(1-\varepsilon_\mathrm{d})+S}{2R} = 1 - \frac{30 \times (1-0.3)+3}{2 \times 572.5} = 0.979$$

式中，$\varepsilon_\mathrm{d} = 0.3$；$R = 572.5\text{mm}$；$h = 30\text{mm}$；$S = 3\text{mm}$；$\cos\varphi_2 = 0.979$；$\varphi_2 = 11.76°$

（4）剪切终了角 φ_3（式（2-4））：

$$\cos\varphi_3 = 1 - \frac{(1-\varepsilon_\mathrm{d})h+S}{2R} = 1 - \frac{(1-0.6) \times 30+3}{2 \times 572.5} = 0.9869$$

式中，$\varepsilon_\mathrm{d} = 0.6$；$R = 572.5\text{mm}$；$h = 30\text{mm}$；$S = 3\text{mm}$；$\cos\varphi_3 = 0.9869$；$\varphi_3 = 9.284°$。

（5）速度与时间：

1）剪刃圆周速度（式（2-9）和式（2-10））：

$$v = \frac{\pi D n}{60} = \frac{\pi \times 1145 \times 367.888}{60} = 22055.6\text{mm/s}$$

$$n = \frac{60 v_0 \lambda}{\pi D \cos\varphi_1} = \frac{60 \times 21000 \times 1.02}{\pi \times 1145 \times 0.97118} = 367.888\text{mm/s}$$

式中，$v = 22055.6\text{mm/s}$；$D = 1145\text{mm}$；$v_0 = 21000\text{mm/s}$；$\lambda = 1.02$；$n = 367.888$；$\varphi_1 = 13.789°$。

2）剪切开始时剪刃水平速度（式（2-11））：

$$v_x = v\cos\varphi_1 = 22055.6 \times \cos13.789° = 21420.4\text{mm/s}$$

式中　v_x —— 剪刃水平速度；

v ——剪刃圆周速度。

3）纯剪切时间（式（2-12））：

$$t = \frac{\varphi_1 - \varphi_3}{360°} \frac{\pi D}{v} = \frac{(13.789° - 9.284°) \times \pi \times 1145}{360° \times 22055.6} = 0.00204\text{s}$$

式中，$\varphi_1 = 13.789°$；$\varphi_3 = 9.284°$；$D = 1145\text{mm}$；$v = 22055.6\text{mm/s}$。

2.4.3 剪切力计算及剪切扭矩计算

(1) 最大剪切力计算 P_{max} (式 (2-16)):

$$P_{max} = K\tau_{max}F = 1.3 \times 140 \times 707 = 128674N$$

式中，$K = 1.3$；$\tau_{max} = 140N/mm^2$（弹簧钢 700℃ 热切抗力）；钢材直径 $D = 30mm$，

$F = \dfrac{\pi \times 30^2}{4} = 707mm^2$。

(2) 剪切钢材时产生水平推力 T 确定 (式 (2-26)):

$$T = 0.1P_{max} = 0.1 \times 128674 = 12867.4N$$

(3) 剪切过程中拉钢力计算:

1) 在剪切时间时剪刃的水平位移 (图 2-15、图 2-16 和式 (2-27)):

$$\Delta L_1 = v_x t = 21420.4 \times 0.00204 = 43.717mm$$

式中，$v_x = 21420.4mm/s$；$t = 0.00204s$。

2) 在剪切时间时轧件的水平位移 (图 2-15、图 2-16 和式 (2-28)):

$$\Delta L_0 = v_0 t = 21000 \times 0.002045 = 42.945mm$$

3) 在剪切终了轧件伸长量 ΔL (式 (2-29)):

$$\Delta L = \Delta L_1 - \Delta L_0 = 43.717 - 42.945 = 0.772mm$$

4) 计算水平拉力 Q (式 (2-30)):

$$Q = \frac{\Delta L}{L}EF = \frac{0.772}{5000}60000 \times 707 = 6550N$$

式中，$L = 5000mm$；$E = 60000N/mm^2$；$F = 707mm^2$。

(4) 回转式飞剪机剪切扭矩计算:

1) 上刀杆剪切扭矩 (图 2-43、图 2-44 和式 (2-31)):

$$M_1 = P_{max}R\sin\varphi_2 - TR\cos\varphi_2 + QR\cos\varphi_2 = R(P_{max}\sin\varphi_2 - T\cos\varphi_2 + Q\cos\varphi_2)$$
$$= 572.5(128674 \times \sin11.763° - 12867.4 \times \cos11.763° + 6550 \times \cos11.763°)$$
$$= 11476907.5N \cdot mm$$
$$= 11476.9075N \cdot m$$

式中，$P_{max} = 128674N$；$R = 572.5mm$；$\varphi_2 = 11.763°$；$T = 12867.4N$；$Q = 6550N$。

2) 下刀杆剪切扭矩 (图 2-43、图 2-44 和式 (2-32)):

$$M_2 = PR\sin\varphi_2 + TR\cos\varphi_2 + QR\cos\varphi_2 = R(P\sin\varphi_2 + T\cos\varphi_2 + Q\cos\varphi_2)$$
$$= 572.5(128674 \times \sin11.763° + 12867.4 \times \cos11.763° + 6550 \times \cos11.763°)$$
$$= 25900587N \cdot mm$$
$$= 25900N \cdot m.$$

3) 总剪切扭矩 (式 (2-33)):

$$M_\Sigma = M_1 + M_2 = 11477 + 25900 = 37377N \cdot m$$

起动工作制飞剪机的剪切功率，主要由飞剪机的电动机起动扭矩及飞剪机的传动部件的飞轮矩（GD^2）来确定，剪切扭矩值对确定飞剪机电动机功率是重要参考作用。

2.4.4　剪切功计算

（1）剪切时需要的剪切功 A_1（式（2-37））：

$$A_1 = Fha = 707 \times 30 \times 47 = 996870 = 996.87 \text{N} \cdot \text{m}$$

式中，$F = 707 \text{mm}^2$；$h = 30 \text{mm}$；$a = 47$（N·mm）/mm³，单位剪切功见表 2-3 和图 2-44。

（2）剪切开始时电动机的转速 n_1（式（2-42））：

$$n_1 = \frac{60 v_0 i \lambda}{\pi D \cos\varphi_1} = \frac{60 \times 21000 \times 1.3214 \times 1.02}{\pi \times 1145 \times \cos 13.789°} = 486.12 \text{r/min}$$

式中，$v_0 = 21000 \text{mm/s}$；$i = 1.3214$；$\lambda = 1.02$；$D = 1145 \text{mm}$；$\varphi_1 = 13.789°$。

（3）剪切终了时电动机转速 n_2（式（2-43））：

$$n_2 = \sqrt{\frac{\Sigma GD^2 n_1^2 - 720 A_1}{\Sigma GD^2}} = \sqrt{\frac{2452 \times 486.12^2 - 720 \times 996.87}{2452}} = 485.8 \text{r/min}$$

式中，$\Sigma GD^2 = 2452 \text{N} \cdot \text{m}^2$；$A_1 = 996.87 \text{N} \cdot \text{m}$；$n_1 = 486.12 \text{r/min}$。

（4）通过飞轮矩计算总剪切功 A_2：

计算飞剪机的传动装置时，忽略在剪切时间电动机的工作，在轧件进行剪切时仅由飞轮放出的能量来确定飞轮矩 ΣGD^2 的数值，飞剪机的总剪切功 A_2（式（2-44））：

$$A_2 = \frac{\Sigma GD^2}{720}(n_1^2 - n_2^2) = \frac{2452}{720}(486.12^2 - 485.8^2) = 1064.7 \text{N} \cdot \text{m}$$

当 $A_2 > A_1$ 时，剪切可以忽略电动机工作。

（5）估算飞剪机的总飞轮扭矩（式（2-45））：

$$\Sigma GD^2 = \frac{720 A_2}{n_1^2 - n_2^2} = \frac{720 \times 1064.7}{486.12^2 - 485.8^2} = 2464.9 \text{N} \cdot \text{m}^2$$

（6）电动机的动态速降 C（式（2-46））：

$$C = n_1 - n = 486.12 - 485.8 = 0.32 \text{r/min}$$

2.4.5　电动机计算

（1）用剪切扭矩初步计算电动机功率 N_H（式（2-47））：

$$N_H = \frac{M_\Sigma n_1}{9550 \lambda i \eta} = \frac{37376.9 \times 486.12}{9550 \times 3 \times 1.3214 \times 0.98} = 490 \text{kW}$$

式中，$M_{\Sigma} = 37376.9\text{N} \cdot \text{m}$；$n_1 = 486.12\text{r/min}$；$\lambda = 3$；$i = 1.3214$；$\eta = 0.98$。

仅用剪切扭矩计算电动机，只是重要参考，因剪切时间不单电动机工作，特别飞剪机有大量飞轮矩共同作用，电动机功率不需那么大。现在初选 ZFQZ-40-42 电动机（430kW、500r/min）。从电动机功率计算结果是 490kW，而且实际选用电动机是 430kW。

额定扭矩 $M_e = 10874\text{N} \cdot \text{m}$，$M_q = 29462\text{N} \cdot \text{m}$，计算 $\lambda = \dfrac{M_q}{M_e} = \dfrac{29462}{10874} = 2.7$。飞剪机专用电动机按 2.7 倍额定电流起动是允许的。

因为飞剪机电动机剪切时间短，间歇时间长，一般没有问题。下面还有均方根发热计算，如果发热计算通过。这个电动机选择 430kW 是合理正确的，不需要加大电动机功率。

（2）初步计算电动机起动参数：

1）电动机的额定扭矩 M_e（式（2-48））：

$$M_e = \frac{9550 N_H i}{n} = \frac{9550 \times 430 \times 1.324}{500} = 10874\text{N} \cdot \text{m}$$

式中，$N_H = 430\text{kW}$；$i = 1.3214$；$n = 500\text{r/min}$。

2）电动机的起动扭矩 M_q（式（2-49））：

$$M_q = 3M_e = 3 \times 10874 = 32622\text{N} \cdot \text{m}$$

3）电动机的摩擦扭矩 M_c（式（2-50））：

$$M_c = \frac{M_{\Sigma}}{i} \frac{2.5}{100} = \frac{37376.9}{1.3214} \times \frac{2.5}{100} = 707\text{N} \cdot \text{m}$$

式中，$M_{\Sigma} = 37376.9\text{N} \cdot \text{m}$。

4）起动时间 t_q（式（2-51））：

$$t_q = \frac{\Sigma GD^2 n_1}{375(M_q - M_c)} = \frac{2452 \times 486.12}{375 \times (32622 - 707)} = 0.100\text{s}$$

式中，$\Sigma GD^2 = 2452\text{N} \cdot \text{m}^2$；$n_1 = 486.12\text{r/min}$；$M_q = 32622\text{N} \cdot \text{m}$；$M_c = 707\text{N} \cdot \text{m}$。

5）飞剪机刀杆起动行程（式（2-52））：

$$\varphi_q = \frac{n_1 \times 360 \times t_q}{60 \times 2}$$

$$= 3n_1 t_q = 3 \times 486.12 \times 0.100 = 145.84°$$

式中，$n_1 = 486.12\text{r/min}$；$t_q = 0.100\text{s}$。

（3）准确计算起动参数：

1）起动行程 φ_q（式（2-53））：

$$\varphi_q = \beta - 5° = 166.211° - 5° = 161.211°$$

理论计算 $\beta = 166.211°$ 即可以达到剪切需要速度，为了更保险再提前 5°。

2) 起动时间 t_q （式 (2-54)）：

$$t_q = \frac{\varphi_q}{3n_1} = \frac{161.221}{3 \times 486.12} = 0.11054s$$

3) 起动扭矩 M_q （式 (2-55)）：

$$M_q = \frac{\Sigma GD^2 n_1}{375 t_q} + M_c = \frac{2452 \times 486.12}{375 \times 0.11054s} + 707 = 29462N \cdot m$$

式中，$\Sigma GD^2 = 2452N \cdot m^2$；$n_1 = 486.12r/min$；$M_c = 707N \cdot m$。

（4）初步计算制动参数：

1) 制动时间 t_z （式 (2-58)）：

$$t_z = \frac{\Sigma GD^2 n_2}{375(M_z + M_c)} = \frac{2452 \times 485.8}{375 \times (26098 + 707)} = 0.118s$$

式中，$\Sigma GD^2 = 2452N \cdot m^2$；$n_2 = 485.8r/min$；$M_c = 707N \cdot m$。

2) 制动扭矩 M_z （式 (2-59)）：

$$M_z = (2 \sim 2.9)M_e = 2.4 \times 10874 = 26098N \cdot m$$

3) 制动行程 φ_z （式 (2-60)）：

$$\varphi_z = 3n_2 t_z = 3 \times 485.8 \times 0.118 = 172°$$

4) 剪刃行驶位置：

$$\varphi = \varphi_z + \varphi_1 = 172° + 13.789° = 185.8°$$

式中，$\varphi_1 = 13.789°$。

（5）准确计算制动参数：

1) 制动行程 φ_z （式 (2-62)）：

$$\varphi_z = 170°$$

2) 制动时间 t_z （式 (2-64)）：

$$t_z = \frac{\varphi_z}{3n_2} = \frac{170°}{3 \times 485.8} = 0.1166s$$

式中，$n_2 = 485.8r/min$。

3) 制动扭矩 M_z （式 (2-65)）：

$$M_z = \frac{\Sigma GD^2 n_2}{375 t_z} - M_c = \frac{2452 \times 485.8}{375 \times 0.1166} - 707 = 26535.6N \cdot m$$

式中，$M_c = 707N \cdot m$。

（6）实际操作采用的剪切时间 （式 (2-12)），设 $\varphi_j = \varphi_1 - \varphi_3$，则有：

$$t_j = \frac{\varphi_j}{360°} \frac{\pi D}{v} = \frac{28.8°}{360°} \frac{\pi \times 1145}{22055.6} = 0.013s$$

式中，剪切行程 $\varphi_j = 28.8°$；剪刃圆周速度 $v = 22055.6mm/s$；剪刃回转直径 $D = 1145mm$。

（7）飞剪机电动机发热验算即均方根扭矩计算：电动机的扭矩与其电流、发热成正比。均方根扭矩计算可算出电动机发热情况，需要先画出飞剪机剪切负荷图（图2-50）。

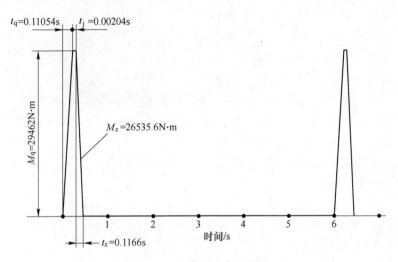

图 2-50　飞剪机剪切负载图

飞剪机剪切轧件时，在剪切终了角，轧件已被剪断。此时剪刃仍在轧件前面，剪刃不能减速或制动，一般考虑剪刃离开中心线 $10°\sim25°$ 再进行减速，制动所以制动行程 $\varphi_z = 155°\sim170°$，这些仅是计算过程参考数值。

现在确定剪刀旋转再等速转动 $28.8°$，剪刀从原始位置转 $190°$ 再制动。制动时间 $t_z = 0.1166s$，再转 $170°$ 剪刀回到原始位置剪刀固定。

电动机为 ZFQZ-400-42（430kW、500r/min、额定扭矩 $M_e = 10874N \cdot m$）。

回转式飞剪机，刀杆起动 $t_q = 0.11054s$，转 $161.2°$ 达到要求速度，很快进行剪切，剪刃还在轧件前面，计算这 $28.8°$ 的剪切时间，称为操作剪切时间 $t_j = 0.00204s$；制动时间 $t_z = 0.1166s$，制动行程 $\varphi_z = 170°$；转 $170°$ 后剪刃回到原始位置，剪刃固定。

根据飞剪机剪切负载图及回转式飞剪机运动图（图2-51），均方根扭矩（式（2-66））：

$$M_{jun} = \sqrt{\frac{M_q^2 t_q + M_j^2 t_j + M_z^2 t_z}{C(t_q + t_j + t_z) + t_k}}$$

$$= \sqrt{\frac{29462^2 \times 0.11054 + 29462^2 \times 0.00204 + 26535.6^2 \times 0.1166}{0.95(0.11054 + 0.00204 + 0.1166) + 5.771}}$$

$$= 5531N \cdot m$$

式中 M_q——起动扭矩，$M_q = 29462\mathrm{N \cdot m}$；

M_j——剪切扭矩，$M_j = 29462\mathrm{N \cdot m}$，设剪切扭矩与起动扭矩相同；

M_z——制动扭矩，$M_z = 26535.6\mathrm{N \cdot m}$，制动行程170°，剪刃回到原始位置；

t_q——起动时间，$t_q = 0.11054\mathrm{s}$；

t_j——纯剪切时间，$t_j = 0.00204\mathrm{s}$；

t_z——制动时间，$t_z = 0.1166\mathrm{s}$；

t_k——空载时间，$t_k = 5.771\mathrm{s}$；

C——电动机在起动、剪切、制动过程中散热恶化系数，由于采用频繁起制动 ZFQZ 电动机，是封闭式强迫通风，$C = 0.95$。$M_e = 10874$ $\mathrm{N \cdot m} \geqslant M_{jun} = 5531\mathrm{N \cdot m}$。

T_0为一个循环周期时间的总和，$T_0 = t_q + t_j + t_z + t_k = 0.11054 + 0.00204 + 0.1166 + 5.771 = 6\mathrm{s}$。

电动机发热验算通过。

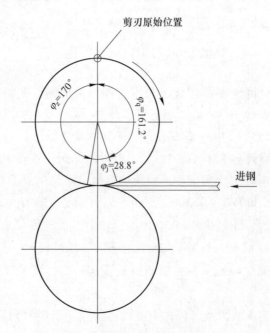

图 2-51 回转式飞剪机运动图

用户要求飞剪机不切头、不切尾时，本计算钢材倍尺长 130m，这样一条钢只剪 3 次，也可以说一个循环周期时间只剪 3 次。有的只剪切头不切尾，一个循环周期时间只剪 4 次，本计算按 4 次计算。当要求切头又切尾时，一个循环周期时间剪 5 次，操作有点麻烦，必要性不大，如果生产单位要剪 5 次，看上面计算结果电动机有很大富裕，剪 5 次没有问题。

2.4.6 齿轮计算

飞剪机齿轮受力时间很短,剪切时间仅为零点零几秒。品种不同,齿轮受力位置也不同。本飞剪机齿轮中心距,不是按齿轮强度来决定,而是由飞剪机的机构要求确定,不过也要算一下才能做到"心中有数"。按扭矩计算,这台飞剪机的电动机功率为430kW,在本设计中,采用430kW是利用一部分传动系统飞轮扭矩来解决扭矩问题,这种飞剪机结构,经过前面计算大部分扭矩从下面齿轮传给下面剪刃,再计算电动机功率(图2-8)有过载系数 $\lambda=3$,飞剪机承受的功率 $N=3\times490=1470$kW。由于飞剪机上下剪刃扭矩分配不同,实际由下齿轮传递到上齿轮的比例为 $\dfrac{M_1}{M_\Sigma}=\dfrac{上刀杆(曲柄)剪切扭矩}{总剪切扭矩}=\dfrac{11477}{37377}=0.307$,所以啮合传递功率。$N=1470\times0.307=451.3$kW,所以现在确定有450kW扭矩通过齿轮传给上剪刃,输入齿轮的准确转速 $n=500$r/min。图2-4中,输入齿轮 $Z_1=28$,它与中轮尺寸相同,中轮齿数也是28,最上面大齿轮齿数 $Z_2=37$。

变位系数计算见表2-9,输出计算结果见表2-10,圆柱齿轮传动强度计算见表2-11,计算结果见表2-12。

表2-9 变位系数计算

提示符	名称	单位	数值范围	说明
m_n	法面模数	mm	12	
Z_1	小齿轮齿数		28	
Z_2	大齿轮齿数		37	
β	螺旋角	(°)	12°92'	
a	中心距	mm	400.135	
D_{a1}	小齿轮齿顶圆直径	mm	368.7315	
D_{a2}	大齿轮齿顶圆直径	mm	479.538	

表2-10 输出计算结果

提示符	名称	单位	数值范围	说明
X_1	小齿轮法向变位系数			0
X_2	大齿轮法向变位系数			0
ha	齿顶高系数			1

表 2-11　圆柱齿轮传动强度计算（GB 3480—83）

序号	符号	名称	单位	数值范围
1	Type	啮合形式		0
2	m	法面模数	mm	12
3	Z_1	小齿轮齿数		28
4	Z_2	大齿轮齿数		37
5	β	螺旋角		12.92°
6	X_1	小齿轮变位系数		0
7	X_2	大齿轮变位系数		0
8	b	工作齿宽	mm	170
9	Power	传动功率	kW	450
10	n_1	小齿轮转数	r/min	500
11	K_A	载荷系数		2.25
12	$Grad_2$	第Ⅱ组精度等级		8
13	Arrng	传动布置形式		齿轮置两轴之间，非对称布置
14	Life	设计寿命	h	600000
15	Matl1	小齿轮材料代码		20CrNi2MoA
16	Matl2	大齿轮材料代码		20CrNi2MoA
17	Hardn	齿面硬度代码		1
18	HB2	大齿轮齿面硬度		1
19	J	与小齿轮啮合的齿轮个数		1
20	μ_{50}	润滑油黏度（50℃时）	Pa·s	1.7
21	σ_{H01}	小齿轮材料接触疲劳极限	MPa	1450
22	σ_{H02}	大齿轮材料接触疲劳极限	MPa	1450
23	σ_{F01}	小齿轮材料弯曲疲劳极限	MPa	450
24	σ_{F02}	大齿轮材料弯曲疲劳极限	MPa	450

表 2-12　计算结果

符号	名称	单位	说明
SH	接触疲劳安全系数		1.35723
SF_1	小齿轮弯曲疲劳安全系数		2.34544
SF_2	大齿轮弯曲疲劳安全系数		2.3989

符号	名称	单位	说明
F_t	切向力	N	55400
F_r	径向力	N	20688
F_x	轴向力	N	12708.7
v	圆周速度	m/s	9.035

2.5 曲柄连杆式飞剪机切 φ140mm 圆钢计算实例

这台飞剪机 2007 年投产，现在使用一切正常。计算时对照图 2-2 曲柄连杆式飞剪机及图 2-6 曲柄连杆式飞剪机剖视图。飞剪机计算原始条件及计算结果见表 2-13 和表 2-14。

表 2-13 飞剪机计算原始条件

序号	项　目	主要技术指标
1	工作形式	曲柄连杆式飞剪机
2	工作制度	电动机起停工作制
3	电动机 ZKSL-450-51	频繁起制动直流电动机 750kW-660V-500r/min
4	设备功能	剪切成品钢材倍尺、切头、事故碎断长度约 1.5m
5	剪切钢材质	合金结构钢、螺纹钢、弹簧钢、轴承钢等
6	剪切温度	>700℃
7	轧件速度 $v_0 = 0.7\sim2\text{m/s}$	切 φ140mm 圆钢 $v_0 = 0.8\text{m/s}$；切 φ70mm 圆钢 $v_0 = 2\text{m/s}$
8	被剪切钢材形状	圆钢、螺纹钢 φ70~140mm
9	剪切精度	0.005×剪速
10	剪刃宽度	260mm
11	剪刃重叠量	3mm
12	进钢方向	右进左出
13	飞剪机本体轴承	SKF
14	飞剪机本体中心距	$A = 1800\text{mm}$
15	曲柄半径	$R = 240\text{mm}$
16	齿轮材料 20CrNi2MoA	齿轮全部采用硬齿面
17	圆柱齿轮精度不低于	ISO 1328-1：1995 的 6 级，整体精度 6 级
18	齿形进行修形，齿面接触合格	接触斑点齿长大于 70%、齿高大于 50%，修形除外
19	焊接箱体进行两次退火	清除内应力，保证箱体不变形

序号	项　目	主 要 技 术 指 标
20	箱体涂漆按 JB/T 5000. 12—1998	底漆按 C06-1 铁红醇酸底漆，面漆 C04-2 醇酸磁漆
21	飞剪机本体稀油集中润滑	车间油库供油，箱体外部管路采用钢管接头
22	飞剪机总飞轮矩	$\Sigma GD^2 = 12380 N \cdot m^2$

表 2-14　计算结果

序号	项　目	计算结果
1	剪切开始角（ⅰ）	$\varphi_1 = 44.9°$
2	剪切开始角（ⅱ）	$\beta = 135°$
3	剪切力最大时曲柄角	$\varphi_2 = 37.266°$
4	剪切终了角	$\varphi_3 = 27.95°$
5	曲柄圆周速度	$v = 1.152 m/s$
6	曲柄转速	$n = 45.8 r/min$
7	剪切开始时剪刃水平速度	$v_x = 0.81596 m/s$
8	纯剪切时间	$t = 0.0616 s$
9	实际操作采用的剪切时间	$t_j = 0.2727 s$
10	最大剪切力	$P_{max} = 1400836 N$
11	剪切过程中的水平推力	$T = 140083.6 N$
12	剪切过程中的拉钢力	$Q = 113491 N$
13	上曲柄最大剪切扭矩	$M_1 = 198510.66 N \cdot m$
14	下曲柄剪切扭矩	$M_2 = 252020.34 N \cdot m$
15	总剪切扭矩	$M_\Sigma = 450530 N \cdot m$

2.5.1　飞剪机有关参数确定

（1）曲柄连杆式飞剪机剪切角计算：

1）剪切开始角（ⅰ）φ_1（式（2-5））：

$$\cos\varphi_1 = \frac{A - h - 2n_2}{2R} = \frac{1800 - 140 - 2 \times 660}{2 \times 240} = 0.7083$$

式中，$A = 1800 mm$；$h = 140 mm$；$n_2 = 660 mm$（见图 2-18）；$R = 240 mm$；$\cos\varphi_1 = 0.7083$，$\varphi_1 = 44.9° \approx 45°$。

2）剪切开始角（ⅱ）β（式（2-6））：

$$\beta = 180° - \varphi_1 = 180° - 45° = 135°$$

式中，$\varphi_1 = 45°$。

3) 剪切力最大时曲柄角 φ_2（式（2-7））：

$$\cos\varphi_2 = \frac{A - 2n_2 - h(1 - \varepsilon_d)}{2R} = \frac{1800 - 2 \times 660 - 140(1 - 0.3)}{2 \times 240} = 0.7958$$

式中，$A = 1800\text{mm}$；$n_2 = 660\text{mm}$；$h = 140\text{mm}$；$\varepsilon_d = 0.3$；$R = 240\text{mm}$；$\cos\varphi_2 = 0.7958$；$\varphi_2 = 37.266°$。

4) 剪切终了角 φ_3（式（2-8））：

$$\cos\varphi_3 = \frac{A - 2n_2 - h(1 - \varepsilon_z)}{2R} = \frac{1800 - 2 \times 660 - 140(1 - 0.6)}{2 \times 240} = 0.8833$$

式中，$A = 1800\text{mm}$；$n_2 = 660\text{mm}$；$\varepsilon_z = 0.6$；$h = 140\text{mm}$；$R = 240\text{mm}$；$\cos\varphi_3 = 0.8833$；$\varphi_3 = 27.95°$。

（2）速度与时间：

1) 曲柄的圆周速度（式（2-13））：

$$v = \frac{\pi D n}{60} = \frac{\pi \times 480 \times 45.84}{60} = 1152.085\text{mm/s} = 1.152\text{m/s}$$

式中，$D = 480\text{mm}$；n 为曲柄转速（式（2-9））。

$$n = \frac{60v\lambda}{\pi D \cos\varphi_1} = \frac{60 \times 800 \times 1.02}{\pi \times 480 \times \cos 44.9°} = 45.84\text{r/min}$$

式中，$v = 800\text{mm}$；$\lambda = 1.02$；$\cos\varphi_1 = \cos 44.9°$。

2) 剪切开始时剪刃水平速度（式（2-14））：

$$v_x = v\cos\varphi_1 = 1152 \times 0.7083 = 815.9616\text{mm/s} = 0.81596\text{m/s}$$

式中，$v = 1152\text{mm/s}$，为曲柄的圆周速度。

3) 纯剪切时间（式（2-15））：

$$t = \frac{\varphi_1 - \varphi_3}{360°} \frac{\pi D}{v} = \frac{44.9° - 27.95°}{360°} \frac{\pi \times 480}{1152} = 0.0616\text{s}$$

2.5.2 剪切力及剪切扭矩计算

（1）最大剪切力计算 P_{max}（式（2-16））：

$$P_{max} = K\tau_{max}F = 1.3 \times 70 \times 15393.8 = 1400836\text{N}$$

式中，$K = 1.3$；$\tau_{max} = 70\text{N/mm}^2$（弹簧钢 700℃热切抗力）；钢材直径 $D = 140\text{mm}$，钢材面积 $F = \dfrac{\pi D^2}{4} = \dfrac{\pi \times 140^2}{4} = 15393.8\text{mm}^2$。

（2）剪切钢材时产生水平推力 T 确定（式（2-26））：

$$T = 0.1P_{max} = 0.1 \times 1400836 = 140083.6\text{N}$$

（3）剪切过程中拉钢力计算：

1）在剪切时间时剪刃的水平位移（式(2-27)）：

$$\Delta L_1 = v_x t = 815.96 \times 0.0616 = 50.263 \text{mm}$$

式中，$v_x = 815.96 \text{mm/s}$；$t = 0.0616 \text{s}$。

2）在剪切时间时轧件的水平位移（式（2-28））：

$$\Delta L_0 = v_0 t = 800 \times 0.0616 = 49.28 \text{mm}$$

3）在剪切终了轧件伸长量 ΔL（式（2-29））：

$$\Delta L = \Delta L_1 - \Delta L_0 = 50.263 - 49.28 = 0.983 \text{mm}$$

4）计算水平拉力 Q（式（2-30））：

$$Q = F\sigma = \frac{\Delta L}{L} EF = \frac{0.983}{8000} \times 60000 \times 15393.8 = 113491 \text{N}$$

式中，$L = 8000 \text{mm}$；$E = 60000 \text{N/mm}^2$；$F = 15393.8 \text{mm}^2$。

（4）曲柄连杆式飞剪机剪切扭矩计算（图 2-45 和图 2-46）：

1）上曲柄剪切扭矩（式(2-34)）：

$$\begin{aligned}
M_1 &= PR\sin\varphi_2 - TR\cos\varphi_2 + QR\cos\varphi_2 = R(P\sin\varphi_2 - T\cos\varphi_2 + Q\cos\varphi_2) \\
&= 240\,(1400836 \times \sin 37.269° - 140083.6 \times \cos 37.269° + 113491 \times \cos 37.269°) \\
&= 198510000 \text{N} \cdot \text{mm} \\
&= 198510. \text{N} \cdot \text{m}
\end{aligned}$$

式中，$P = 1400836 \text{N}$；$R = 240 \text{mm}$；$\varphi_2 = 37.269°$；$T = 140083.6 \text{N}$；$Q = 113491 \text{N}$。

2）下曲柄剪切扭矩（式（2-35））：

$$\begin{aligned}
M_2 &= PR\sin\varphi_2 + TR\cos\varphi_2 + QR\cos\varphi_2 = R(P\sin\varphi_2 + T\cos\varphi_2 + Q\cos\varphi_2) \\
&= 240\,(1400836 \times \sin 37.269° + 140083.6 \times \cos 37.269° + 113491 \times \cos 37.269°) \\
&= 252020000 \text{N} \cdot \text{mm} \\
&= 252020 \text{N} \cdot \text{m}
\end{aligned}$$

3）总剪切扭矩（式（2-36））：

$$M_\Sigma = M_1 + M_2 = 198510 + 252020 = 450530 \text{N} \cdot \text{m}$$

2.5.3　剪切功计算

（1）剪切时需要的剪切功 A_1（式（2-37））：

$$A_1 = Fha = 15393.8 \times 140 \times 47 = 101291204 \text{N} \cdot \text{mm} = 101291.204 \text{N} \cdot \text{m}$$

式中，$F = 15393.8 \text{mm}^2$；$h = 140 \text{mm}$；$a = 47(\text{N} \cdot \text{mm})/\text{mm}^3$，单位剪切功如表 2-3、表 2-4 和图 2-6 所示。

（2）剪切开始时电动机的转速 n_1（式（2-42））：

$$n_1 = \frac{60v_0 i\lambda}{\pi D\cos\varphi_1} = \frac{60 \times 800 \times 5.15 \times 1.02}{\pi \times 480 \times \cos44.9°} = 236\text{r/min}$$

式中，$v_0 = 800\text{mm/s}$；$i = 5.15$；$\lambda = 1.02$；$D = 480\text{mm}$；$\varphi_1 = 44.9°$。

（3）剪切终了时电动机转速 n_2（式（2-43））：

$$n_2 = \sqrt{\frac{\Sigma GD^2 n_1^2 - 720A_1}{\Sigma GD^2}} = \sqrt{\frac{12380 \times 236^2 - 720 \times 101291}{12380}} = 223.17\text{r/min}$$

式中，$\Sigma GD^2 = 12380\text{N·m}^2$；$n_1 = 236\text{r/min}$；$A_1 = 101291\text{N·m}$。

（4）通过飞轮矩计算总剪切功 A_2。计算飞剪机的传动装置时，忽略在剪切时间电动机的工作，在轧件进行剪切时仅仅由飞轮放出的能量来确定飞轮矩 ΣGD^2 的数值。飞剪机的实际总剪切功 A_2（式（2-44）：

$$A_2 = \frac{\Sigma GD^2}{720}(n_1^2 - n_2^2) = \frac{12380}{720}(236^2 - 223.17^2) = 101292.4\text{N·m}$$

当 $A_2 > A_1$ 时，剪切可以忽略电动机工作。

（5）用剪切功 A_1 估算飞剪机的总飞轮扭矩（式（2-45））：

$$\Sigma GD^2 = \frac{720A_2}{n_1^2 - n_2^2} = \frac{720 \times 101292.4}{236^2 - 223.17^2} = 12380\text{N·m}$$

（6）电动机的动态速降 C（式（2-46））：

$$C = n_1 - n_2 = 236 - 223.17 = 12.83\text{r/min}$$

2.5.4　电动机计算

起动工作制飞剪机的剪切功率，主要由飞剪机的电动机起动扭矩及飞剪机的传动部件的飞轮矩（GD^2）来确定，剪切扭矩值对确定飞剪机电动机功率有重要参考作用。

（1）用剪切扭矩初步计算电动机功率 N_H（式（2-47））：

$$N_\text{H} = \frac{M_\Sigma n_1}{9550\lambda i\eta} = \frac{450530 \times 236}{9550 \times 3 \times 5.15 \times 0.98} = 735\text{kW}$$

式中，$M_\Sigma = 450530\text{N·m}$；$n_1 = 236\text{r/min}$；$\lambda = 3$；$i = 5.15$；$\eta = 0.98$。

仅用剪切扭矩计算电动机，对确定电动机功率这个计算是重要参考。

初选电动机 ZKSL-450-51（750kW、500r/min），这个设计时间较早，在 2006 年设计，当时没有频繁起制动直流电动机（ZFQZ），只能选择 ZKSL 电动机，下面进行详细核算电动机。

（2）初步计算电动机参数：

1）电动机折算到剪刃的额定扭矩 M_e（式（2-48））：

$$M_\text{e} = \frac{9550N_\text{H}i}{n} = \frac{9550 \times 750 \times 5.15}{500} = 73773.75\text{N·m}$$

式中，$N_H = 750\text{kW}$；$i = 5.15$；$n = 500\text{r/min}$。

2）电动机的起动扭矩 M_q（式（2-49））：

$$M_q = 3M_e = 3 \times 73773.75 = 221321.25\text{N} \cdot \text{m}$$

3）电动机的摩擦扭矩 M_c（式（2-50））：

$$M_c = \frac{M_\Sigma}{i} \frac{2.5}{100} = \frac{450531 \times 2.5}{5.15 \times 100} = 2187\text{N} \cdot \text{m}$$

式中，$M_\Sigma = 450531\text{N} \cdot \text{m}$。

4）起动时间 t_q（式（2-51））：

$$t_q = \frac{\Sigma GD^2 n_1}{375(M_q - M_c)} = \frac{12380 \times 236}{375 \times (221321.25 - 2187)} = 0.03555\text{s}$$

式中，$\Sigma GD^2 = 12380\text{N} \cdot \text{m}^2$；$n_1 = 236\text{r/min}$；$M_q = 221321.25\text{N} \cdot \text{m}^2$；$M_c = 2187\text{N} \cdot \text{m}$。

5）起动行程 φ_q（式（2-52））：

$$\varphi_q = 3n_1 t_q = 3 \times 236 \times 0.03555 = 25.1724°$$

式中，$n_1 = 236\text{r/min}$；$t_q = 0.03555\text{s}$。

（3）准确计算曲柄连杆飞剪机起动参数：

1）起动行程 φ_q（式（2-53））：

$$\varphi_q = \beta - 5° = 135° - 5° = 130°$$

式中，$\beta = 135.1° \approx 135°$。

2）起动时间 t_q（式（2-54））：

$$t_q = \frac{\varphi_q}{3n_1} = \frac{130°}{3 \times 236} = 0.1836\text{s}$$

3）起动扭矩 M_q（式（2-55））：

$$M_q = \frac{\Sigma GD^2 n_1}{375 t_q} + M_c = \frac{12380 \times 236}{375 \times 0.1836} + 2187 = 44622\text{N} \cdot \text{m}$$

式中，$\Sigma GD^2 = 12380\text{N} \cdot \text{m}^2$；$n_1 = 236\text{r/min}$；$M_c = 2187\text{N} \cdot \text{m}$；$t_q = 0.1836\text{s}$。

（4）初步计算制动参数：

1）制动时间 t_z（式（2-58））：

$$t_z = \frac{\Sigma GD^2 n_2}{375(M_z + M_c)} = \frac{12380 \times 223.17}{375(184434.4 + 2187)} = 0.03948\text{s}$$

式中，$\Sigma GD^2 = 12380\text{N} \cdot \text{m}^2$；$n_2 = 223.17\text{r/min}$；$M_c = 2187\text{N} \cdot \text{m}$。

2）制动扭矩 M_z（式（2-59））：

$$M_z = 2.5M_e = 2.5 \times 73773.75 = 184434.4\text{N} \cdot \text{m}$$

3）制动行程 φ_z（式（2-60））：

$$\varphi_z = 3n_2 t_z = 3 \times 223.17 \times 0.03948 = 26.43°$$

（5）准确计算制动参数：

1）制动行程 φ_z（式（2-63））：

$$\varphi_z = 155°$$

2）制动时间 t_z（式（2-60））：

$$t_z = \frac{\varphi_q}{3n_2} = \frac{155°}{3 \times 223.17} = 0.2315s$$

3）制动扭矩 M_z（式（2-64））：

$$M_z = \frac{\Sigma GD^2 n_2}{375t_z} - M_c = \frac{12380 \times 223.17}{375 \times 0.2315} - 2187 = 29638.4N \cdot m$$

式中，$\Sigma GD^2 = 12380N \cdot m$；$n_2 = 223.17r/min$；$M_c = 2187N \cdot m$；$t_z = 0.2315s$。

4）实际操作采用的剪切时间（式（2-15）），设 $\varphi_j = \varphi_1 - \varphi_3$，则有：

$$t_j = \frac{\varphi_j}{360°}\frac{\pi D}{v} = \frac{75°}{360°}\frac{\pi \times 480}{1152} = 0.2727s$$

式中　φ_j——剪切行程，$\varphi_j = 75°$；

　　　v——曲柄圆周速度，$v = 1152mm/s$；

　　　D——曲柄回转直径 $D = 480mm$。

5）剪刃回到原始位置停止。

（6）剪切过程说明：

曲柄连杆式飞剪机切 φ140mm 圆钢时，刀起动 0.1836s，转 135°能达到要求剪切开始速度，在设计过程中按 130°达到要求剪切速度来计算，提前一点更保险。当剪切终了时，剪刃还在轧件前面，如果很快制动则剪刃可能挡住轧件前进，所以剪刃在剪机中点再按剪切速度旋转 25°，即剪刃从原始位置转 205°再制动，制动时间 0.2315s，制动行程 155°剪刃回到原始位置，剪刃固定。

电动机的扭矩与其电流成正比，电流与电动机发热有关。均方根扭矩计算可算出电动机发热情况，起动扭矩及制动扭矩均小于额定扭矩，所以电动机能力足够，不需要再均方根扭矩发热计算，也不需要画剪切负载图，下面数据提供使用方调试时参考值：

电动机：ZKSL-450-51（750kW、500r/min）；

额定扭矩：$M_e = 73773.75N \cdot m$；

起动扭矩：$M_q = 44622N \cdot m$；

剪切扭矩：$M_j = 44622N \cdot m$（假设操作时剪切扭矩与起动扭矩相同）；

制动扭矩：$M_z = 29638.4N \cdot m$；

摩擦扭矩：$M_c = 2187N \cdot m$；

起动时间：$t_q = 0.1836s$；

纯剪切时间：$t = 0.0616s$；

制动时间：$t_z = 0.2315s$；

实际操作采用的剪切时间：$t_j = 0.2727s$；

空载时间：$t_k = 5.3122s$。

用户要求飞剪机不切头、切尾时，本计算 $\phi140mm$ 钢材，倍尺 40m 这样一条钢只剪 3 次，也可以说一个循环周期时间只剪 3 次。有的只剪切头不切尾，一个循环周期时间只剪 4 次，本计算按 4 次计算。当用户要求既切头又切尾时，一个循环周期时间剪 5 次，看计算结果电动机有很大富裕，即使剪 5 次也没有问题。

曲柄连杆式飞剪机运动图如图 2-52 所示。

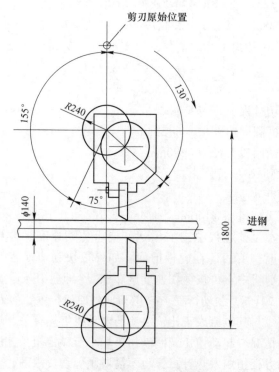

图 2-52   曲柄连杆式飞剪机运动图

2.5.5   齿轮计算

飞剪机齿轮受力时间很短，剪切时间仅为零点零几秒，剪切品种不同，齿轮受力位置也不同，本飞剪机齿轮中心距，不是由齿轮强度而决定，而是由飞剪机的机构要求确定。按扭矩计算，见公式（2-45），有过载系数 $\lambda = 3$ 时计算出电动机功率为 735kW。根据 2.5.4 节计算式，忽略在剪切时间电动机的工作，在轧件进行剪切时仅仅由飞轮放出的能量即能剪切轧件。飞剪机现有飞轮矩 $\Sigma GD^2 =$

12380N·m 的数值足够。这种飞剪机结构，经过前面计算大部分扭矩从下面齿轮直接传给下面剪刃。扭矩通过齿轮传给上剪刃扭矩，比前面计算 M_{1s} 要小，计算齿轮传动功率，用 750kW。

确定输入齿轮的准确转速 n，可根据 2.5.3 中的计算结果：$n_1 = 236$r/min，则：

$$n = \frac{n_1}{i} = \frac{236}{5.15} = 45.825\text{min}$$

变位系数计算见表 2-15，输出计算结果见表 2-16，圆柱齿轮传动强度计算见表 2-17，传动强度计算结果见表 2-18。

表 2-15 变位系数计算

序号	提示符	名　称	单位	数值范围
1	m_n	法面模数	mm	18
2	Z_1	小齿轮齿数		98
3	Z_2	大齿轮齿数		98
4	β	螺旋角	(°)	11
5	a	中心距	mm	1800
6	D_{a1}	小齿轮齿项圆直径	mm	1836
7	D_{a2}	大齿轮齿项圆直径	mm	1836

表 2-16 输出计算结果

序号	提示符	名　称	单位	数值范围	说明
1	X_1	小齿轮法向变位系数		0.084	
2	X_2	大齿轮法向变位系数		0.084	
3	ha	齿项高系数		1	

表 2-17 圆柱齿轮传动强度计算 (GB 3480—83)

序号	符号	名　称	单位	数值范围
1	Type	啮合形式		0
2	m	法面模数	mm	18
3	Z_1	小齿轮齿数		98
4	Z_2	大齿轮齿数		98
5	β	螺旋角	(°)	11
6	X_1	小齿轮变位系数		0.084

序号	符号	名 称	单位	数值范围
7	X_2	大齿轮变位系数		0.084
8	b	工作齿宽	mm	200
9	Power	传动功率	kW	750
10	n_1	小齿轮转数	r/min	45.825
11	K_A	载荷系数		2.25
12	$Grad_2$	第Ⅱ组精度等级		8
13	Arrng	传动布置形式	2	齿轮置两轴之间，齿轮非对称布置
14	Life	设计寿命		600000
15	Matl1	小齿轮材料代码	5	20CrNi2MoA
16	Matl2	大齿轮材料代码	5	20CrNi2MoA
17	Hardn	小齿轮齿面硬度代码	1	渗碳淬火硬齿面
18	HB2	大齿轮齿面硬度代码	1	渗碳淬火硬齿面
19	J	与小齿轮啮合的齿轮个数		1
20	μ_{50}	润滑油黏度（50℃时）	Pa·s	1.7
21	σ_{H01}	小齿轮材料接触疲劳极限	MPa	1450
22	σ_{H02}	大齿轮材料接触疲劳极限	MPa	1450
23	σ_{F01}	小齿轮材料弯曲疲劳极限	MPa	450
24	σ_{F02}	大齿轮材料弯曲疲劳极限	MPa	450

表 2-18 传动强度计算结果

序号	符号	名 称	单位	说明
1	SH	接触疲劳安全系数		1.7257
2	SF_1	小齿轮弯曲疲劳安全系数		1.18
3	SF_2	大齿轮弯曲疲劳安全系数		1.18
4	F_t	切向力	N	1.739
5	F_r	径向力	N	64493
6	F_x	轴向力	N	33810
7	v	圆周速度	m/s	4.3117453

2.5.6 下曲轴计算

下曲轴如图 2-53 所示。

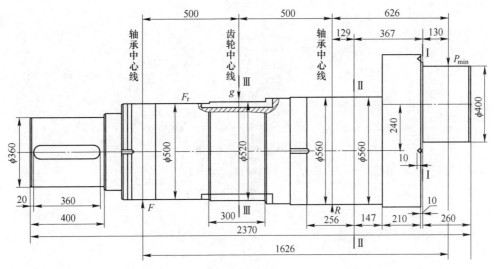

图 2-53　下曲轴

2.5.6.1　原始条件

（1）最大剪切力 $P_{\max} = 1400836\text{N}$。

（2）齿轮啮合径力 $F_r = 64493\text{N}$。

（3）轴端直径 $d = 400\text{mm}$。

2.5.6.2　应力及轴直径计算

A　Ⅰ-Ⅰ 断面应力计算

$$\sigma = \frac{M}{W} = \frac{182108680}{6400000} = 28.4545\text{N/mm}^2$$

式中，弯距 $M = P_{\max} L_1 = 1400836 \times 130 = 182108680\text{N} \cdot \text{mm}$；轴截面系数 $W = 0.1d^3 = 0.1 \times 400^3 = 6400000\text{mm}^3$。

许用弯曲应力按成大先《机械设计手册》中表 6-1-21 取值，$\sigma_{-1\text{P}} = 90\text{N/mm}^2$ $\geqslant 28.4545\text{N/mm}^2$，安全。

B　计算轴承反力

（1）轴承反力 R 计算：

$$R = \frac{P_{\max} \times 1626 + F_r \times 500}{1000} = \frac{1400836 \times 1626 + 64493 \times 500}{1000} = 2310006\text{N}$$

式中，F_r 为齿轮径向力，$F_r = 64493\text{N}$。

（2）轴承反力 F 计算：

$$F = R - F_r - P_{\max} = 2310006 - 64493 - 1400836 = 844677\text{N}$$

C　Ⅱ-Ⅱ 截面轴直径计算

对参考文献［14］中表 6-1-22 按弯扭合成强度计算轴径的公式，实心转轴：

$$d = 21.68 \times \sqrt[3]{\frac{\sqrt{M^2 + (\varphi T)^2}}{\sigma_{-1P}}}$$

$$= 21.68 \times \sqrt[3]{\frac{\sqrt{696215.5^2 + (0.3 \times 252020)^2}}{90}} = 429.6\text{mm}$$

式中　d——计算轴直径;

　　　M——轴在计算截面所受弯矩, $M = P_{max} \times L_2 = 1400836 \times 0.497 = 696215.5\ \text{N} \cdot \text{m}$;

　　　T——轴在计算截面所受扭矩, $T = 252020\text{N} \cdot \text{m}$;

　σ_{-1P}——许用应力, 按文献 [14] 中表 6-1-21 选取, $\sigma_{-1P} = 90\text{N/mm}^2$;

　　　$\varphi = 0.3$。

　Ⅱ-Ⅱ 截面直径 $d = 560\text{mm} > 429\text{mm}$, 安全。

　D　Ⅲ-Ⅲ 截面轴直径计算

$$d = 21.68 \sqrt[3]{\frac{\sqrt{M^2 + (\varphi T)^2}}{\sigma_{-1P}}} = 21.68 \sqrt[3]{\frac{\sqrt{422338.5^2 + (0.3 \times 252020)^2}}{90}} = 365\text{mm}$$

式中　d——计算轴直径;

　　　M——轴在计算截面所受弯矩, $M = F \times L_2 = 844677 \times 0.5 = 422338.5\text{N} \cdot \text{m}$;

　　　T——轴在计算截面所受扭矩, $T = 252020\text{N} \cdot \text{m}$;

　σ_{-1P}——许用应力, 按文献 [14] 中表 6-1-21 选取, $\sigma_{-1P} = 90\text{N/mm}^2$;

　　　$\varphi = 0.3$。

　Ⅲ-Ⅲ 截面直径 $d = 520\text{mm} > 365\text{mm}$, 安全。

2.6　曲柄连杆式飞剪机切 $\phi70\text{mm}$ 圆钢的计算实例

　　飞剪机剪切 $\phi70\text{mm}$ 圆钢计算原始条件见 2.5 节。曲柄连杆式飞剪机剪切 $\phi70\text{mm}$ 圆钢计算结果见表 2-19。

表 2-19　曲柄连杆式飞剪机剪切 $\phi70\text{mm}$ 圆钢计算结果

序号	项　目	计算结果
1	剪切开始角 (ⅰ) φ_1	$\varphi_1 = 31.33° \approx 32°$
2	剪切开始角 (ⅱ) β	$\beta = 180° - 32° = 148°$
3	剪切力最大时曲柄角 φ_2	$\varphi_2 = 26.114°$
4	剪切终了角 φ_3	$\varphi_3 = 19.66°$
5	计算纯剪切时间	0.0204s
6	最大剪切力计算 P_{max}	$P_{max} = 350214\text{N}$
7	上曲柄剪切扭矩	$M_1 = 34411.65\text{N} \cdot \text{m}$
8	下曲轴剪切扭矩	$M_2 = 49505.6\text{N} \cdot \text{m}$

序号	项　　目	计算结果
9	总剪切扭矩	$M_z = 83917 N \cdot m$
10	剪切开始时电动机的转速	$n_1 = 493 r/min$
11	剪切终了时电动机的转速	$n_2 = 492.89 r/min$
12	实际操作采用的剪切时间	$t_j = 0.096 s$
13	纯剪切时间	$t = 0.0204 s$
14	电动机 ZKSL-450-5	$750 kW$，$500 r/min$
15	飞剪机设备重量	$28 t$

2.6.1　飞剪机有关参数确定

2.6.1.1　曲柄连杆式飞剪机剪切角计算

（1）剪切开始角（ⅰ）φ_1（式（2-5））：

$$\cos\varphi_1 = \frac{A - h - 2n_2}{2R} = \frac{1800 - 70 - 2 \times 660}{2 \times 240} = 0.8542$$

式中，$A = 1800 mm$；$h = 70 mm$；$n_2 = 660 mm$（见图 2-18）；$R = 240 mm$；$\cos\varphi_1 = 0.8542$，$\varphi_1 = 31.33° \approx 32°$。

（2）剪切开始角（ⅱ）β（式（2-6））：

$$\beta = 180° - \varphi_1 = 180° - 32° = 148° \approx 150°$$

式中，$\varphi_1 = 32°$。

（3）剪切力最大时曲柄角 φ_2（式（2-7））：

$$\cos\varphi_2 = \frac{A - 2n_2 - h(1 - \varepsilon_d)}{2R} = \frac{1800 - 2 \times 660 - 70(1 - 0.3)}{2 \times 240} = 0.8979$$

式中，$A = 1800 mm$；$n_2 = 660 mm$；$h = 70 mm$；$\varepsilon_d = 0.3$；$R = 240 mm$；$\cos\varphi_2 = 0.8979$，$\varphi_2 = 26.1144°$。

（4）剪切终了角 φ_3（式（2-8））：

$$\cos\varphi_3 = \frac{A - 2n_2 - (1 - \varepsilon_z)h}{2R} = \frac{1800 - 2 \times 660 - 70(1 - 0.6)}{2 \times 240} = 0.942$$

式中，$A = 1800 mm$；$n_2 = 660 mm$；$\varepsilon_z = 0.6$；$h = 70 mm$；$R = 240 mm$；$\cos\varphi_3 = 0.942$，$\varphi_3 = 19.66°$。

2.6.1.2　速度与时间

（1）曲柄的圆周速度（式（2-13））：

$$v = \frac{\pi D n}{60} = \frac{\pi \times 480 \times 95}{60} = 2388.4 mm/s$$

式中，$D = 480 mm$；n 为曲柄转速（式（2-9））：

$$n = \frac{60v_0\lambda}{\pi D \cos\varphi_1} = \frac{60 \times 2000 \times 1.02}{\pi \times 480 \times \cos 31.33°} = 95 \text{r/min}$$

式中，$v_0 = 2000 \text{mm/s}$；$\lambda = 1.02$；$\cos\varphi_1 = \cos 31.33° = 0.8542$。

（2）剪切开始时剪刃水平速度（式（2-14））：

$$v_x = v\cos\varphi_1 = 2388.4 \times \cos 31.33° = 2039.5 \text{mm/s} = 2.0395 \text{m/s}$$

式中，$v = 2398.4 \text{mm/s}$（曲柄的圆周速度）。

（3）纯剪切时间（式（2-15））：

$$t = \frac{\varphi_1 - \varphi_3}{360°} \frac{\pi D}{v} = \frac{31.33° - 19.66°}{360°} \frac{\pi \times 480}{2388.4} = 0.0204 \text{s}$$

2.6.2　剪切力及剪切扭矩计算

（1）最大剪切力计算 P_{max}（式（2-16））：

$$P_{max} = K\tau_{max}F = 1.3 \times 70 \times 3848.5 = 350214 \text{N}$$

式中，$K = 1.3$；$\tau_{max} = 70 \text{N/mm}^2$（弹簧钢 700℃ 热切抗力）；钢材面积 $F = \frac{\pi D^2}{4} = \frac{\pi \times 70^2}{4} = 3848.5 \text{mm}^2$，钢材直径 $D = 70 \text{mm}$。

（2）剪切钢材时产生水平推力 T 确定（式（2-26））：

$$T = 0.1P_{max} = 0.1 \times 350213.5 = 35021.4 \text{N}$$

（3）剪切过程中拉钢力计算：

1）在剪切时间时剪刃的水平位移（式（2-27））：

$$\Delta L_1 = v_x t = 2039.5 \times 0.0204 = 41.6 \text{mm}$$

式中，$v_x = 2039.5 \text{mm/s}$；$t = 0.0204 \text{s}$。

2）在剪切时间时轧件的水平位移（式（2-28））：

$$\Delta L_0 = v_0 t = 2000 \times 0.0204 = 40.8 \text{mm}$$

3）在剪切终了轧件伸长量 ΔL（式（2-29））：

$$\Delta L = \Delta L_1 - \Delta L_0 = 41.6 - 40.8 = 0.8 \text{mm}$$

4）计算水平拉力 Q（式（2-30））：

$$Q = F\sigma = \frac{\Delta L}{L}EF = \frac{0.8}{8000} \times 60000 \times 3848.5 = 23091 \text{N}$$

式中，$L = 8000 \text{mm}$；$E = 60000 \text{N/mm}^2$；$F = 3848.5 \text{mm}^2$。

（4）曲柄连杆式飞剪机最大剪切扭矩计算（图 2-45 及图 2-46）：

1）上曲轴剪切扭矩（式（2-34））：

$$M_1 = P_{max}R\sin\varphi_2 - TR\cos\varphi_2 + QR\cos\varphi_2 = R(P_{max}\sin\varphi_2 - T\cos\varphi_2 + Q\cos\varphi_2)$$
$$= 240 \ (350214 \times \sin 26.1144° - 35021.4 \times \cos 26.1144° + 23091 \times \cos 26.1144°)$$

$$= 34411650 \text{N} \cdot \text{mm}$$

$$= 34411.65 \text{N} \cdot \text{m}$$

式中，$P_{max} = 350214\text{N}$；$R = 240\text{mm}$；$\varphi_2 = 26.1144°$；$T = 35021.4\text{N}$；$Q = 23091\text{N}$。

2）下曲轴剪切扭矩（式（2-35））：

$$M_2 = P_{max}R\sin\varphi_2 + TR\cos\varphi_2 + QR\cos\varphi_2 = R(P_{max}\sin\varphi_2 + T\cos\varphi_2 + Q\cos\varphi_2)$$

$$= 240 \ (350214×\sin26.1144°+35021.4×\cos26.1144°+23091×\cos26.1144°)$$

$$= 49505582 \text{N} \cdot \text{mm}$$

$$= 49505.582 \text{N} \cdot \text{m}$$

3）总剪切扭矩（式（2-36））：

$$M_\Sigma = M_1 + M_2 = 34411.65 + 49505.6 = 83917 \text{N} \cdot \text{m}$$

2.6.3 剪切功计算

（1）剪切时需要的剪切功 A_1（式（2-37））：

$$A_1 = Fha = 3848.5 × 70 × 47 = 12661565 \text{N} \cdot \text{mm} = 12661.565 \text{N} \cdot \text{m}$$

式中，$F = 3848.5\text{mm}^2$；$h = 70\text{mm}$；$a = 47(\text{N} \cdot \text{mm})/\text{mm}^3$，单位剪切功见表2-3和表2-4。

（2）剪切开始时电动机的转速 n_1（式（2-42））：

$$n_1 = \frac{60v_0 i\lambda}{\pi D\cos\varphi_1} = \frac{60 × 2000 × 5.15 × 1.02}{\pi × 480 × \cos31.33°} = 493\text{r/min}$$

式中，$v_0 = 2000\text{mm/s}$；$i = 5.15$；$\lambda = 1.02$；$D = 480\text{mm}$；$\varphi_1 = 31.33°$。

（3）剪切终了时电动机转速 n_2（式（2-43））：

$$n_2 = \sqrt{\frac{\Sigma GD^2 n_1^2 - 720A_1}{\Sigma GD^2}} = \sqrt{\frac{12380 × 493^2 - 720 × 12661.6}{12380}} = 492.25\text{r/min}$$

式中，$\Sigma GD^2 = 12380\text{N} \cdot \text{m}^2$；$n_1 = 493\text{r/min}$；$A_1 = 12661.6\text{N} \cdot \text{m}$。

（4）通过飞轮矩计算总剪切功 A_2。计算飞剪机的传动装置时，忽略在剪切时间电动机的工作，在轧件进行剪切时仅仅由飞轮放出的能量来确定飞轮矩 ΣGD^2 的数值。飞剪机的总剪切功 A_2（式（2-44））：

$$A_2 = \frac{\Sigma GD^2}{720}(n_1^2 - n_2^2) = \frac{12380}{720}(493^2 - 492.25^2) = 12707 \text{N} \cdot \text{m}$$

当 $A_2 > A_1$ 时，剪切可以忽略电动机工作。

（5）用剪切功估算飞剪机的总飞轮扭矩（式（2-45））：

$$\Sigma GD^2 = \frac{720A_2}{n_1^2 - n_2^2} = \frac{720 × 12707}{493^2 - 492.25^2} = 12380 \text{N} \cdot \text{m}$$

（6）电动机的动态速降 C（式（2-46））：

$$C = n_1 - n_2 = 493 - 492.25 = 0.75\text{r/min}$$

2.6.4 电动机计算

（1）用剪切扭矩初步计算电动机功率 N_H（式（2-47））：

$$N_H = \frac{M_\Sigma n_1}{9550\lambda i\eta} = \frac{83917 \times 493}{9550 \times 3 \times 5.15 \times 0.98} = 286kW$$

式中，$M_\Sigma = 83917N \cdot m$；$n_1 = 493r/min$；$\lambda = 3$；$i = 5.15$；$\eta = 0.98$。

飞剪机剪切 $\phi70mm$ 的电动机功率为 286kW，如果没有常规过载系数 $\lambda = 3$，则功率为 $286 \times 3 = 858kW$，所以前面选定飞剪机电动机为电动机 ZKSL-450-51，（750kW、500r/min）。

（2）初步计算电动机参数：

1）电动机折算到剪刃的额定扭矩 M_e（式（2-48））：

$$M_e = \frac{9550N_H i}{n} = \frac{9550 \times 750 \times 5.15}{500} = 73773.75N \cdot m$$

式中，$N_H = 750kW$；$i = 5.15$；$n = 500r/min$。

2）电动机的起动扭矩 M_q（式（2-49））：

$$M_q = 3M_e = 3 \times 73773.75 = 221321.25N \cdot m$$

3）电动机的摩擦扭矩 M_c（式（2-50））：

$$M_c = \frac{M_\Sigma}{i}\frac{2.5}{100} = \frac{83917 \times 2.5}{5.15 \times 100} = 407N \cdot m$$

式中，$M_z = 83917N \cdot m$。

（3）初步计算起动参数：

1）起动时间 t_q（式（2-51））：

$$t_q = \frac{\Sigma GD^2 n_1}{375(M_q - M_c)} = \frac{12380 \times 493}{375 \times (221321 - 407)} = 0.07367s$$

式中，$\Sigma GD^2 = 12380N \cdot m^2$；$n_1 = 493r/min$；$M_q = 221321.25N \cdot m$；$M_c = 407N \cdot m$。

2）起动行程 φ_q（式（2-52））：

$$\varphi_q = 3n_1 t_q = 3 \times 493 \times 0.07367 = 108.96°$$

式中，$n_1 = 493r/min$；$t_q = 0.07367s$。

（4）准确计起动参数：

1）起动行程 φ_q（式（2-53））：

$$\varphi_q = \beta - 5° = 150° - 5° = 145°$$

式中，$\beta = 150°$。

2）起动时间 t_q（式（2-54））：

$$t_q = \frac{\varphi_q}{3n_1} = \frac{145°}{3 \times 493} = 0.098s$$

3）起动扭矩 M_q（式（2-55））：

$$M_q = \frac{\Sigma GD^2 n_1}{375 t_q} + M_c = \frac{12380 \times 493}{375 \times 0.098} + 407 = 166484 \text{N} \cdot \text{m}$$

式中，$\Sigma GD^2 = 12380 \text{N} \cdot \text{m}^2$，$n_1 = 493 \text{r/min}$；$M_c = 407 \text{N} \cdot \text{m}$；$t_q = 0.098 \text{s}$。

（5）初步计算制动参数：

1）制动时间 t_z（式（2-58））：

$$t_z = \frac{\Sigma GD^2 n_2}{375(M_z + M_c)} = \frac{12380 \times 492.25}{375(184434.4 + 407)} = 0.088 \text{s}$$

式中，$\Sigma GD^2 = 12380 \text{N} \cdot \text{m}^2$；$n_2 = 492.25 \text{r/min}$；$M_c = 407 \text{N} \cdot \text{m}$。

2）制动扭矩 M_z（式（2-59））：

$$M_z = 2.5 M_e = 2.5 \times 73773.75 = 184434.4 \text{N} \cdot \text{m}$$

3）制动行程 φ_z（式（2-60））：

$$\varphi_z = 3 n_2 t_z = 3 \times 492.25 \times 0.088 = 130°$$

（6）准确计算制动参数：

1）起动行程 φ_z（式（2-63））：$\varphi_z = 160°$，见下面剪切过程说明及曲柄连杆式飞剪机运动图。

2）制动时间 t_z（式（2-64））：

$$t_z = \frac{\varphi_q}{3 n_2} = \frac{160°}{3 \times 492.25} = 0.1083 \text{s}$$

3）制动扭矩 m_z（式（2-65））：

$$M_z = \frac{\Sigma GD^2 n_2}{375 \times t_z} - M_c = \frac{12380 \times 492.25}{375 \times 0.1083} - 407 = 149777 \text{N} \cdot \text{m}$$

式中，$\Sigma GD^2 = 12380 \text{N} \cdot \text{m}$；$n_2 = 492.25 \text{r/min}$；$M_c = 407 \text{N} \cdot \text{m}$；$t_z = 0.1083 \text{s}$。

4）制动后剪刃回到原始位置停止。

（7）实际操作采用的剪切时间（式（2-15）转换一下 $\varphi_1 - \varphi_3 = \varphi_j$ 如下式进行计算）：

$$t_j = \frac{\varphi_j}{360°} \frac{\pi D}{v} = \frac{55°}{360°} \times \frac{\pi \times 480}{2388.4} = 0.096 \text{s}$$

式中　φ_j——剪切行程，$\varphi_j = 55°$；

　　　　v——曲柄圆周速度，$v = 2388.4 \text{mm/s}$；

　　　　D——曲柄回转直径，$D = 480 \text{mm}$。

（8）剪切过程说明：曲柄连杆式飞剪机，切 φ70mm 圆钢，刀起动时间 0.098s，转 150°能达到要求剪切开始速度，在设计过程中按 145°达到要求剪切速度来计算，这样更保险。当剪切终了时，剪刃还在轧件前面，如果很快制动则剪刃可能挡住轧件前进，所以剪刃在飞剪机中点，再按剪切速度再旋转 20°，即是剪刃从原始位置转 200° 再制动。制动时间 0.1083s，制动行程 160° 剪刃回到原始位置，剪刃固定。

电动机的扭矩与其电流成正比，电流与电动机发热有关。均方根扭矩计算可算出电动机发热情况，通过详细计算，起动扭矩大于额定扭矩。电动机能力是否够用，还需要再均方根扭矩发热计算。

电动机：ZKSL-450-51，750kW，500r/min；

额定扭矩：$M_e = 73773.75$N·m；

起动扭矩：$M_q = 166484$N·m；

剪切扭矩：$M_j = 166484$N·m（假设操作时剪切扭矩与起动扭矩相同）；

制动扭矩：$M_z = 149777$N·m；

摩擦扭矩：$M_c = 407$N·m；

起动时间：$t_q = 0.098$s；

纯剪切时间：$t_j = 0.0204$s；

实际操作采用的剪切时间：$t = 0.096$s；

制动时间：$t_z = 0.1083$s；

空载时间：$t_k = 19.77$s。

飞剪机剪切负载图如图 2-54 所示，曲柄连杆式飞剪机运动图如图 2-55 所示。

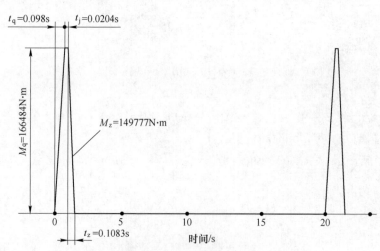

图 2-54 飞剪机剪切负载图

T_0 剪切倍尺 40m，一个循环周期时间总和，$T_0 = 20$s：

$T_0 = t_q + t_j + t_z + t_k = 0.098 + 0.0204 + 0.1082 + 19.7734 = 20$s；

C 为电动机在起动、剪切、制动过程中散热恶化系数，由于 ZKSL 电动机，是封闭式强迫通风，采用 $C = 0.95$。

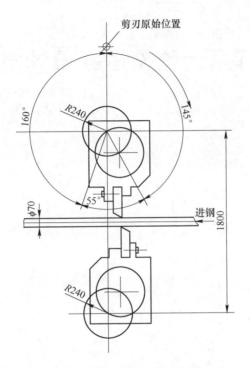

图 2-55　曲柄连杆式飞剪机运动图

根据上面图及上面数据，均方根扭矩下式计算：

$$M_{jun} = \sqrt{\frac{M_q^2 t_q + M_j^2 t_j + M_z^2 t_z}{C(t_q + t_j + t_z) + t_k}}$$

$$= \sqrt{\frac{166484^2 \times 0.098 + 166484^2 \times 0.0204 + 149777^2 \times 0.1082}{0.95(0.098 + 0.0204 + 0.1082) + 19.77}}$$

$$= 16445 \text{N} \cdot \text{m}$$

电动机额定扭矩（73773.8N·m）＞均方根扭矩（16445N·m），发热验算通过，电动机富余量很大能满足要求。一般飞剪机不切头、切尾，本计算 ϕ70mm 钢材，倍尺 40m，这样一条钢只剪 12 次，即一个循环周期时间只剪 12 次。有的只剪切头不切尾，一个循环周期时间只剪 13 次。本计算按 13 次计算，既切头又切尾，一个循环周期时间剪 14 次，操作有点麻烦，必要性不大，如果生产单位要剪 14 次，看上面计算结果电动机有很大富裕，剪 14 次没有问题。

3 行星齿轮差速器设计与计算

本章主要公式符号:

A——太阳轮;

B——太阳轮;

E——行星轮;

F——行星轮;

C——外壳支架;

Z_A——太阳轮 A 的齿数;

Z_B——太阳轮(齿圈)B 的齿数;

Z_E——行星轮 E 的齿数;

Z_F——行星轮 F 的齿数;

V_A——太阳轮 A 的速度;

V_B——太阳轮 B 的速度;

V_C——外壳(行星架)C 的速度;

v_A——A 相对 C 的速度;

v_B——B 相对 C 的速度;

S——差速器的调速范围;

$|S|$——差速器的调速范围绝对值;

i_{AB}——C 固定时 A 与 B 的速比,这个速比很重要。i_{AB} 为正值是外齿差速器,
其值大于 1 时为减速,其值小于 1 时为增速;i_{AB} 为负值是内齿差速器;

i_{CB}——A 固定时 C 与 B 的速比;

i_{AC}——B 固定时 A 与 C 的速比;

i_{2B}——外齿差速器直流电动机到差速器输出轴的速比;

i_{2C}——内齿差速器直流电动机到差速器输出轴的速比;

M_A——A 轮的扭矩;

M_B——B 轮的扭矩;

M_C——外壳(行星架)C 的扭矩;

η_{AB}——从 A 轮到 B 轮的效率;

η_{BA}——从 B 轮到 A 轮的效率;

η_{CB}——从外壳(行星架)C 到 B 轮的效率;

U——行星轮组数；

n_A——A 轮的转速；

n_B——B 轮的转速；

n_C——外壳（行星架）C 的转速；

β——齿轮螺旋角；

X——齿轮变位系数；

D_1——交流电动机；

D_2——直流电动机。

3.1　简　　述

3.1.1　差动调速简介

机械设备的传动装置，最常用的包括机械传动和电力传动。由于机械传动技术的发展比电力传动稍早些，因此最初变速、调速是用机械方法解决的，即用交流电动机和变速齿轮箱换挡变速。可是用变速箱不能在带负荷运转时变速，这种方式不能满足现代化连续生产的工艺要求。

后来出现了直流电动机调速，这种调速方式可以在机械设备带负荷运转时进行，所以满足了现代连续生产的工艺要求，在生产上应用已有 100 多年历史，但是这种直流调速，电气设备装机容量大，直流电动机及其供电设备、电控设备昂贵。

正因为直流调速还不理想，所以从 20 世纪开始研究解决交流电动机调速问题，国内外学者想了很多办法，如：

（1）交流串级调速；

（2）饱和电抗器调速；

（3）电磁离合器源调速；

（4）变频电源调速；

（5）整流子电动机调速；

（6）换极变速电动机调速。

这些办法各有其特点和适用范围，但总的看来，有的装机容量较大（交流串级调速），有的电能损耗大（饱和电抗器调速），有几种仅适用于 100kW 容量以下电动机，且不宜重复多次接电。因此都未解决电气设备装机容量大、投资多的问题。

以上各种办法，仍然是从电力传动这一个侧面着手解决调速问题，没有把电力传动和机械传动为整体来研究一种更加合理的调速方式——差动调速。

上面空洞理论太多，下面举一实例证明这个论述，1971 年作者设计某厂 50t 顶吹氧转炉倾动装置上，采用交流电动机差动调速，如图 3-1 所示。

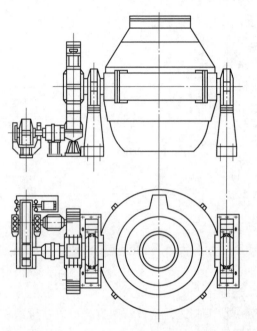

图 3-1　转炉示意图

50t 顶吹氧转炉，转炉转动速度只需要两种，一种是快速另一种是慢速，要用直流调速，不仅投资大量增加，直流调速时，转炉操作人员要人工调节到这两种速度，操作时需要特别注意。

差动调速巧妙解决 50t 顶吹氧转炉传动装置，采用交流差动调速就有两种速度，操作人员只要选择即可，均为安全可靠的速度，操作方便工人满意，得到好评。

上面举例简单说明差动调速的巧妙解决转炉调速问题，在 3.4 节，对 50t 顶吹氧转炉倾动装置上，采用交流电动机差动调速有详细介绍。在 3.4 节差动调速技术应用中，有的差动调速取代其他调速时比其他调速更精彩；有的是其他调速无法解决，差动调速准确精致"无与伦比"地解决调速问题。

差动调速将机械调速和电力调速紧密地结合起来，将机电作为一个整体来考虑，机电配合，能比较合理地解决调速难题。这种方式冲破了多年来形成的只电力传动单方面孤立地研究和解决调速难题的框框。

差动调速技术现在是常见几种调速方法之一，它具有设备装机容量少、投资少、调速精准、差速器本身也能调速等特点。

3.1.2 差速器简介

差速器是差动调速的核心设备，它具有重量轻、体积小、速比大、效率高等特点；它能减速、能增速、也能差动调速。作者多年设计研究差速器，对研究承受冲击载荷大功率（500~1000kW）差速器取得圆满成功，使用寿命 10 年以上。本书将重点介绍大功率差速器设计与实践经验。

采用差速器，传动装置可用交流电动机代替直流电动机进行调速，有时还可以比直流调速更巧妙地解决各种复杂的调速难题。

差动调速系统中除了多一项差速器外（差速器是取代一般传动系统的减速机），其他部分同普通电动机传动完全一样，都是通用电气设备。它的控制系统非常简单，用的电气设备不多，所以差速器是差动调速系统中的核心设备。

差速器是从一般减速机演变而来。在开始设计减速机时，多是设计定轴轮系减速机，由图 3-2 其驱动轴上小齿轮 A，与中间轴上的大齿轮 E 啮合是第一级减速；而装在中间轴上的小齿轮 F 与从动轴上大齿轮 B 啮合是第二级减速。

有时为了满足传动装置位置的需要，也将驱动轴齿轮与从动轴齿轮设计在同轴线上。在图 3-2 基础上 A 轮不动，中间轴及 E、F 轮不动，只将从动轴和齿轮 B 移到 A 轮同轴线位置，这种减速机也是两级减速，如图 3-3 所示。

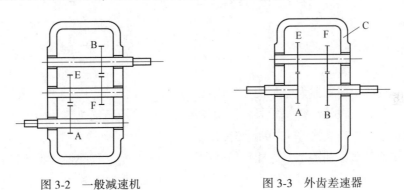

图 3-2 一般减速机   图 3-3 外齿差速器

图 3-3 与图 3-2 示出的减速机在减速方面可以达到同样效果；可是我们将图 3-3 这种减速机的 A 轮固定。整个外壳 C 绕 A、B 轮的中心线旋转时，B 轮则按一定速比旋转。齿轮 E、F 不仅绕 A、B 轮公转，而且还自转，好像地球绕太阳旋转一样。我们称 E、F 轮为行星轮，称 A、B 轮太阳轮。这种 A 轮、B 轮及外壳 C 均能旋转的减速机有两个自由度的行星齿轮轮系叫差速器。图 3-3 这种减速机称作外齿差速器。

图 3-3 的 E、F 圆柱齿轮也可以用圆锥齿轮 E 代替（图 3-4）。行星轮 E 所装的中间轴装在外壳支架上并与两同轴线齿轮（太阳轮 A 和 B）也改成圆锥齿轮同

时啮合。当外壳 C 固定时，A 轮旋转则 B 轮即旋转；当 A 轮固定时，外壳 C 旋转则 B 轮也旋转。同时驱动 A 轮和外壳 C，B 轮从动，则可进行调速，这一种叫做圆锥齿轮差速器。

当同轴线齿轮（太阳轮）A 用圆柱齿轮、B 用内齿圈，行星轮 E 所在的中间轴装在支架（行星架）C 上并与 A、B 轮同时啮合（图 3-5）。当支架 C 固定时，A 轮旋转则在实际使用时多用 A、B 轮作为驱动件，支架 C 为从动件进行调速，这是内齿差速器。

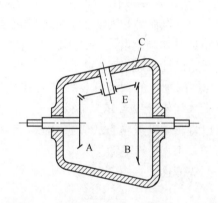

图 3-4 圆锥齿轮差速器

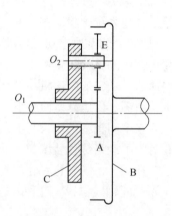

图 3-5 内齿差速器

为了说明差速器概念，下面介绍一些术语。

定轴轮系：在传动时，如果轮系中各齿轮的几何轴线位置都是固定的，这种为定轴轮系（或普通轮系），如图 3-2 所示。

周转圆轮系：在传动时，如果轮系中有一个或一些齿轮的轴线不固定，而是绕着其他定轴齿轮的轴线回转，转动齿轮的中心的运动轨迹是一个圆，这种轮系称为周转轮系。如图 3-5 所示，齿轮 A 和构件 C 同绕几何轴线 O_1 转动，而齿轮 E 一方面绕自身的几何轴线 O_2 转动，同时又随几何轴线 O_2 绕固定的几何轴线 O_1 回转，这时 E 轮的中心的运动轨迹是一个圆。

自由度：在行星轮系，三个基本构件中，两个基本构件分别施加任意不同的两个转速，称为两个自由度。差速器要有两个自由度，一个自由度不能称为差速器（详见 3.4.1 节）。周转圆轮系不是两个自由度，它也不是差速器。

行星轮系：是一种结构形式，这种结构中，两个同轴线齿轮分别与几个装在中间轴（行星轮轴）上的相同的等距的齿轮（行星轮）相啮合，中间轴装在外壳（行星架）C 上，外壳（行星架）本身也旋转。当外壳（行星架）旋转时，装在其上的行星轮围绕着太阳轮做周转圆运动，称为行星轮系；如外壳（行星架）固定时，这个系统成为定轴轮系，就不能称为行星轮系了。

差速器：是所有三个基本构件都旋转的一种周转圆轮系，它的一个（或两个）基本构件为驱动件，另外两个（或一个）基本构件为从动件，构成两个自由度，称为行星齿轮差速器。如果基本构件 A 或 B 有一个基本构件固定，只有两个基本构件能旋转，叫一个自由度，这个系统称为行星减速（增速）机。

差速器可以归纳为 3 种类型，其传动简图如图 3-6 所示。

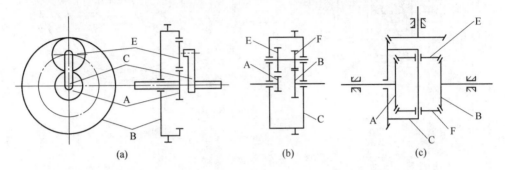

图 3-6　内齿差速器（a）、外齿差速器（b）、圆锥齿轮差速器（c）示意图

图 3-6（a）为内齿差速器，它是由太阳轮 A、行星轮 E、齿圈 B 和行星架 C 组成的。这种内齿差速器结构紧凑，重量轻；但机构复杂，加工精度要求较高。适用于速比 $i_{AC} \approx 4$ 的差速器。在高功率、高速度差动调速时采用内齿差速器较好。

图 3-6（b）为外齿差速器，它是由太阳轮 A、B，行星轮 E、F 和外壳 C 组成的。这种机构简单，加工容易。主要它速比可以小，$i_{AB} = 1.6 \sim 3.0$ 时采用外齿差速器较好。发达国家在 20 世纪已经系列生产 800kW 以下各种速比的外齿差速器，国外差动调速多采用外齿差速器。

图 3-6（c）为圆锥齿轮差速器，它是太阳轮 A、B，行星轮 E、F 行星架 C 组成的。这种差速器主要用于汽车后轴牙包。另外小功率差动调速用这种圆锥齿轮差速器较多。

外齿差速器装配图如图 3-7 所示。

外齿差速减速机如图 3-8 所示。

50t 转炉用内齿差速器如图 3-9 所示。

50t 转炉用内齿差速器用于 50t 顶吹氧转炉倾动装置上，交流电动机差动调速的内齿差速器 125kW；$Z_A = 24$；$Z_E = 39$；$Z_B = 104$；$i_{AC} = 5.33$；$i_{BC} = 1.23$；$i_{AB} = -4.33$；$m = 5$。

50t 顶吹氧转炉用差速减速机如图 3-10 所示。

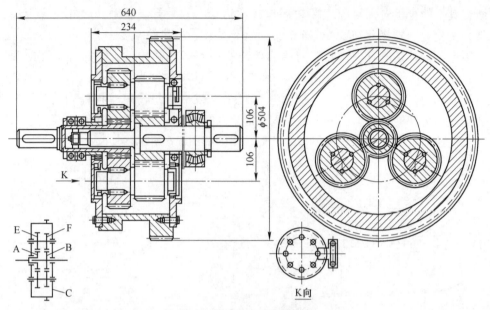

图 3-7 外齿差速器装配图

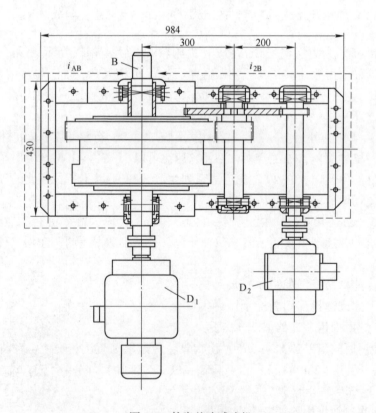

图 3-8 外齿差速减速机

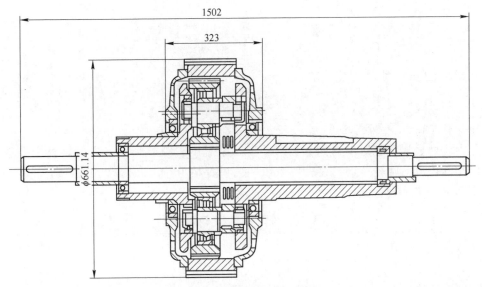

图 3-9　50t 转炉用内齿差速器

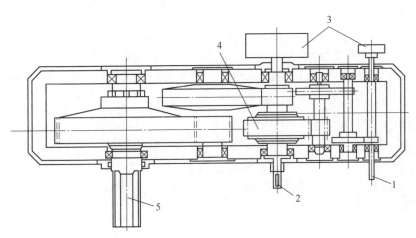

图 3-10　50t 顶吹氧转炉用差速减速机

1—D$_1$ 电动机输入轴；2—D$_2$ 电动机输入轴；

3—闸轮；4—差速器（剖视图如图 3-9 所示）；5—输出图

　　50t 顶吹氧转炉用差速减速机用于 50t 顶吹氧转炉倾动装置上，交流电动机差动调速的内齿差速减速机。

　　D$_1$ 为小交流电动机，$N_1 = 16 \mathrm{kW}$，$n_1 = 585 \mathrm{r/min}$；

　　D$_2$ 为大交流电动机，$N_2 = 125 \mathrm{kW}$，$n_2 = 685 \mathrm{r/min}$；

　　$i_{\mathrm{AC}} = 5.33$；$i_{\mathrm{BC}} = 1.33$；$i_{\mathrm{AB}} = -4.33$。

3.2 差速器设计与计算

3.2.1 速比计算

当外壳支架（或行星架）C 旋转时。

3.2.1.1 外齿差速器

用列表法求速比步骤如下：第一步，如图 3-6（b）所示，先假设整个差速器整体正方向旋转一周，在表格中每一项里都填上 +1；第二步，假想外壳 C 固定而 B 负方向转一周回到原来位置，见表 3-1。

表 3-1 外齿差速器求速比步骤

步　　骤	构　　件		
	驱动件 A	反力件 B	从动件 C
第一步	+1	+1	+1
第二步	$-i_{AB}$	-1	0
结果	$1-i_{AB}$	0	+1

观察一下齿轮排列，可知在第二步骤中齿轮 A 将倒转 i_{AB} 转。将这些运动都填在各项下，并将各项相加，结果当 C 转 +1 转时 A 转 $1-i_{AB}$ 转。所以得出当 B 固定，A 为驱动件，则 A 比 C 的速比为：

$$i_{AC} = \frac{V_A}{V_C} = 1 - i_{AB} \tag{3-1}$$

同样地如 A 是固定的 B 为驱动件，则 B 与 C 的速比为：

$$i_{BC} = \frac{V_B}{V_C} = 1 - i_{BC} \tag{3-2}$$

$$i_{CB} = \frac{V_C}{V_B} = \frac{1}{i_{BC}} = \frac{1}{1 - i_{BA}}$$

$$= \frac{1}{1 - i_{BA}} = \frac{i_{AB}}{i_{AB} - 1} \tag{3-3}$$

3.2.1.2 内齿差速器

用列表法求速比的步骤如下：第一步如图 3-5 所示，先假设整个差速器整体正方向旋转一周，在表中每一项里都填上 +1；第二步，假想行星架 C 固定而齿圈 B 负方向转一周回到原来位置，见表 3-2。

表 3-2 内齿差速器求速比步骤

步骤	构件		
	驱动件 A	反力件 B	从动件 C
第一步	+1	+1	+1
第二步	$+\dfrac{Z_B}{Z_A}$	-1	0
结果	$1+\dfrac{Z_B}{Z_A}$	0	+1

观察一下齿轮排列，并从齿数 Z_A 及 Z_B 可知第二步中齿轮 A 将前进 $\dfrac{Z_B}{Z_A}$ 转，将这些运动都填在各项下，并将各项相加，结果当 C 转+1 转时，A 转 $1+\dfrac{Z_B}{Z_A}$ 转所以得出 B 固定 A 为驱动件，则 A 比 C 的速比为：

$$i_{AC}=\frac{V_A}{V_C}=\frac{1+\dfrac{Z_B}{Z_A}}{1}=1+\frac{Z_B}{Z_A} \tag{3-4}$$

各种驱动情况下差速器速比见表 3-3。

表 3-3 差速器速比

类 型	基本构件			速比公式
	固定	驱动	从动	
外齿差速器 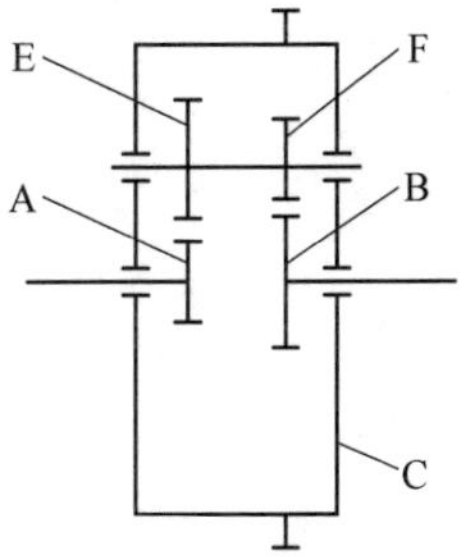 	C	A	B	$i_{AB}=\dfrac{Z_B Z_E}{Z_A Z_F}$
		B	A	$i_{BA}=-\dfrac{Z_A Z_F}{Z_B Z_E}$
	A	B	C	$i_{BC}=1-i_{BA}$
		C	B	$i_{CB}=\dfrac{i_{AB}}{i_{AB}-1}$
	B	A	C	$i_{AC}=1-i_{AB}$
		C	A	$i_{CA}=\dfrac{1}{i_{AC}}=\dfrac{1}{1-i_{AB}}$

续表 3-3

类　　型	基本构件			速比公式
	固定	驱动	从动	
内齿差速器	C	A	B	$i_{AB} = -\dfrac{Z_B}{Z_A}$
		B	A	$i_{BA} = -\dfrac{Z_A}{Z_B}$
	A	B	C	$i_{BC} = 1 + \dfrac{Z_A}{Z_B}$
		C	B	$i_{CB} = \dfrac{1}{i_{BC}} = \dfrac{Z_B}{Z_A + Z_B}$
	B	A	C	$i_{AC} = 1 + \dfrac{Z_B}{Z_A}$
		C	A	$i_{CA} = \dfrac{1}{i_{AC}} = \dfrac{Z_A}{Z_A + Z_B}$

3.2.2　功率流动方向

为了计算周转圆效率，需要先确定功率通过行星轮系统的功率流向。为此目的，假设外壳（行星架）C 静止不动，但同轴线齿轮相对于外壳（行星架）C 的速度，要和在周转圆运动情况下的这种相对速度保持相同。用 A 代表旋转的同轴线齿轮，C 代表外壳（行星架），V_A 和 V_C 分别代表 A 和 C 的速度，v_A 代表 A 相对 C 的速度。

$$v_A = V_A - V_C \tag{3-5}$$

外加于 A 的扭矩为 M_A，用乘积 $M_A v_A$ 值判断功率流动方向。正积表示 A→B 即假想外壳（行星架）C 固定时从 A 通过行星轮系统流向齿轮 B 的功率，但途中有损失。相反地，如乘积为负值，表示 B→A，即 A 通过行星轮系统接受 B 的功率。

由式 (3-1) 得：

$$V_C = \frac{V_A}{1 - i_{AB}} \tag{3-6}$$

代入公式 (3-5) 得：

$$v_A = V_A - \frac{V_A}{1 - i_{AB}} = V_A \left(\frac{1 - i_{AB} - 1}{1 - i_{AB}} \right) = V_A \left(\frac{i_{AB}}{i_{AB} - 1} \right) \tag{3-7}$$

$$M_A v_A = M_A V_A \left(\frac{i_{AB}}{i_{AB} - 1} \right) \tag{3-8}$$

当 A 为驱动齿轮时，$M_A V_A$ 为正值。因此如式（3-8）括号中的值为正，则 $M_A v_A$ 所代表的功率为正，有下列两种情况：

（1）i_{AB} 为负值或大于 1 的正值时，则功率从 A 通过差速轮系流向 B。

（2）i_{AB} 为正值小于 1 的正值时，则功率由 B 流向 A。

各种驱动情况下差速器功率流向见表 3-4

表 3-4 差速器功率流向表

基本构件			i_{AB} 为正值（外齿）				i_{AB} 为负值（内齿）		
固定	驱动	从动	速比值	从动件速度	从动件方向	功率流向	从动件速度	从动件方向	功率流向
B	A	C	$i_{AB} > 2$	减速	反向	A→B	减速	不变	A→B
			$i_{AB} = 2$	不变	反向	A→B			
			$1 < i_{AB} < 2$	增速	反向	A→B			
			$i_{AB} = 1$	无驱动	…	…			
			$0 < i_{AB} < 1$	增速	不变	B→A			
	C	A	$i_{AB} > 2$	增速	反向	B→A	增速	不变	B→A
			$i_{AB} = 2$	不变	反向	B→A			
			$1 < i_{AB} < 2$	减速	反向	B→A			
			$i_{AB} = 1$	无驱动	…	…			
			$0 < i_{AB} < 1$	减速	不变	A→B			
A	C	B	$i_{AB} = 1$	无驱动	…	…	减速	不变	A→B
			$i_{AB} > 1$	减速	不变	B→A			
			$0.5 < i_{AB} < 1$	减速	反向	A→B			
			$0 < i_{AB} < 0.5$	增速	反向	A→B			
	B	C	$i_{AB} = 1$	无驱动	…	…	增速	不变	B→A
			$i_{AB} > 1$	增速	不变	A→B			
			$0.5 < i_{AB} < 1$	增速	反向	B→A			
			$0 < i_{AB} < 0.5$	减速	反向	B→A			

3.2.3　扭矩分配

外齿、内齿和圆锥齿轮 3 种差速器扭矩均应满足平衡条件：

$$M_A + M_B + M_C = 0 \tag{3-9}$$

式中，M_A、M_B 和 M_C 分别为差速器 3 个基本构件上的外加扭矩。

3.2.3.1　无摩擦时

假设外壳支架（行星架）C 固定，加在 A 上的扭矩 M_A 由行星系统内部加给

B 一个扭矩 $i_{AB}M_A$，由外部加给 B 一个按相反方向作用的阻抗扭矩 M_B：

$$M_B = - i_{AB}M_A \tag{3-10}$$

由式 (3-9) 得：

$$M_C = - (M_A + M_B) \tag{3-11}$$

将式 (3-10) 中 M_B 代入式 (3-11) 得：

$$M_C = (i_{AB} - 1)M_A \tag{3-12}$$

或以 M_C 来表示，即得：

$$M_A = \frac{M_C}{i_{AB} - 1} \tag{3-13}$$

$$M_B = \frac{i_{AB}M_C}{1 - i_{AB}} = \frac{M_C}{i_{BA} - 1} \tag{3-14}$$

3.2.3.2　有摩擦时

A　功率流动方向 A→B

外壳支架（行星架）C 固定时效率为 η_{AB}，则外部加给 B 的扭矩为：

$$M_B = - i_{AB}\eta_{AB}M_A \tag{3-15}$$

并由式 (3-11) 得：

$$M_C = - (M_A - i_{AB}\eta_{AB}M_A) = (i_{AB}\eta_{AB} - 1)M_A \tag{3-16}$$

以 M_C 来表示

$$M_A = \frac{M_C}{i_{AB}\eta_{AB} - 1} \tag{3-17}$$

$$M_B = \frac{i_{AB}\eta_{AB}M_C}{1 - i_{AB}\eta_{AB}} \tag{3-18}$$

B　功率流动方向 B→A

按上述程序得：

$$M_B = \frac{- i_{AB}M_A}{\eta_{BA}} \tag{3-19}$$

$$M_C = \left(\frac{i_{AB}}{\eta_{BA}} - 1 \right)M_A \tag{3-20}$$

或以 M_C 来表示：

$$M_A = \frac{\eta_{BA}M_C}{i_{AB} - \eta_{BA}} \tag{3-21}$$

$$M_B = \frac{i_{AB}M_C}{\eta_{BA} - i_{AB}} \tag{3-22}$$

要重复说明，上述公式仅适用于 A 和 C 均代表运动构件。其结果归纳于表 3-5 和表 3-6。表 3-5 为外齿差速器，表 3-6 为内齿差速器。

表 3-5 外齿差速器扭矩分配

基本构件			驱动件上扭矩	i_{AB} 为正值	
固定	驱动	从动		大于1	小于1
C	A	B	$+M_A$	$M_B = -i_{AB}\eta_{AB}M_A$ $M_C = -(M_A - i_{AB}\eta_{AB}M_A)$	
	B	A	$+M_B$	$M_A = -\dfrac{M_B\eta_{BA}}{i_{AB}}$; $M_C = \dfrac{M_B(\eta_{AB} - i_{AB})}{i_{AB}}$	
B	A	C	$+M_A$	$M_B = -i_{AB}\eta_{AB}M_A$ $M_C = (i_{AB}\eta_{AB} - 1)M_A$	$M_B = -\dfrac{i_{AB}}{\eta_{AB}}M_A$ $M_C = (i_{AB}\eta_{BA} - 1)M_A$
	C	A	$+M_C$	$M_A = \dfrac{M_C\eta_{AB}}{i_{AB} - \eta_{BA}}$ $M_B = \dfrac{-M_Ci_{AB}}{i_{AB} - \eta_{BA}}$	$M_A = \dfrac{M_C}{i_{AB}\eta_{AB} - 1}$ $M_B = \dfrac{i_{AB}\eta_{AB}M_C}{1 - i_{AB}\eta_{AB}}$
A	C	B	$+M_C$	$M_B = \dfrac{M_Ci_{AB}}{\eta_{BA} - i_{AB}}$ $M_A = \dfrac{M_C\eta_{BA}}{i_{AB} - \eta_{BA}}$	$M_B = \dfrac{i_{AB}\eta_{AB}M_C}{1 - i_{AB}\eta_{AB}}$ $M_A = \dfrac{M_C}{i_{AB}\eta_{AB} - 1}$
	B	A	$+M_B$	$M_C = \dfrac{M_B(1 - i_{AB}\eta_{AB})}{i_{AB}\eta_{AB}}$ $M_A = \dfrac{-M_B}{i_{AB}\eta_{AB}}$	$M_C = \dfrac{M_B(\eta_{BA} - i_{AB})}{i_{AB}}$ $M_A = \dfrac{-M_B\eta_{BA}}{i_{AB}}$

表 3-6 内齿差速器扭矩分配

基本构件			驱动件上扭矩	i_{AB} 为负值
固定	驱动	从动		
C	A	B	$+M_A$	$M_B = -i_{AB}\eta_{AB}M_A$
	B	A	$+M_B$	$M_A = -\dfrac{M_B\eta_{AB}}{i_{AB}}$
B	A	C	$+M_A$	$M_B = -i_{AB}\eta_{AB}M_A$
	C	A	$+M_C$	$M_A = \dfrac{M_C\eta_{AB}}{i_{AB} - \eta_{AB}}$
A	C	B	$+M_C$	$M_B = -\dfrac{M_Ci_{AB}\eta_{AB}}{i_{AB}\eta_{AB} - 1}$
	B	C	$+M_B$	$M_C = -M_B\left(\dfrac{i_{AB} - \eta_{AB}}{i_{AB}}\right)$

3.2.4 效率计算

差速器传动中的功率损失主要是由齿轮啮合损失、周转圆运动损失、差速运动损失所组成。

轴承损失，一般差速器均采用滚动轴承，其损失很小，可以忽略不计。

确定润滑油搅动和飞溅的损失是较困难的。当齿圈（外壳支架，行星架 C）低速转动时油池液力损失较小；当齿圈（外壳支架，行星架 C）低速转动并且油池较深时损失增大，且油温升高，不利差速器运行。如果必须采用齿圈（外壳支架，行星架 C）高速转动，最好设计喷油循环润滑，并且保持必须的浅油池。这样既保证了差速器润滑而液力损失又较小，油温升也不高。不过差速器内齿转速也不能太高。

3.2.4.1 一般效率

这里确定由于齿廓滑动而引起的啮合损失，可按下面的方法求出。当差速器外壳（行星架）C 固定时，功率由 A 流向 B 的效率为 η_{AB} 及功率由 B 流向 A 的效率为 η_{BA} 两值近似相等，并且相当于定轴轮系减速机效率，即：

$$\eta_{AB} = \eta_{BA} = 0.97 \sim 0.98$$

3.2.4.2 周转圆效率

这里确定外齿差速器、内齿差速器周转圆效率。

已知输入扭矩时之周转圆效率：

$$\eta = \frac{有摩擦时输出扭矩}{无摩擦时输出扭矩}$$

已知输出扭矩时之周转圆效率：

$$\eta = \frac{无摩擦时输入扭矩}{有摩擦时输入扭矩}$$

这样，对于一定运动方式，找出功率流动方向后将上一节的输入、输出扭矩公式代入即可求出效率。

证明 1：一种外齿差速器，驱动件 C，从动件 A，$i_{AB} > 1$ 这种情况下功率流动方向为 B→A（表 3-4），则效率等于以同一个 M_C 值所算出有摩擦的 M_A（式 3-21））与无摩擦的 M_A（式（3-13））之比，即：

$$\eta = \frac{\eta_{BA} M_C}{i_{AB} - \eta_{BA}} \div \frac{M_C}{i_{AB} - 1}$$

$$= \frac{\eta_{BA}(i_{AB} - 1)}{i_{AB} - \eta_{BA}} \tag{3-23}$$

证明 2：一种外齿差速器，驱动件 C，从动件 B，$i_{AB} > 1$，B→A（表 3-4），则效率等于以同一个 M_C 值所算出有摩擦的 M_B（式（3-22））与无摩擦的 M_B（式

(3-14)）之比，即：

$$\eta = \frac{i_{AB}M_C}{\eta - i} \div \frac{M_C i_{AB}}{1 - i_{AB}}$$

$$= \frac{1 - i_{AB}}{\eta_{BA} - i_{AB}} \tag{3-24}$$

证明 3：一种内齿差速器，驱动件 A，从动件 C，i_{AB} 为负值，这种情况下功率流动方向为 A→B（表 3-4），则效率等于同一个 M_A 值所算出有摩擦的 M_C（式（3-16））与无摩擦的 M_C（式（3-12））之比，即：

$$\eta = \frac{(i_{AB}\eta_{AB} - 1)M_A}{(i_{AB} - 1)M_A} = \frac{i_{AB}\eta_{AB} - 1}{i_{AB} - 1}$$

$$= \frac{1 - i_{AB}\eta_{AB}}{1 - i_{AB}} \tag{3-25}$$

用同样程序推导出各种驱动情况下差速器效率见表 3-7 和表 3-8。

表 3-7　外齿差速器效率

基本构件			i_{AB} 为正值	
固定	驱动	从动	大于 1	小于 1
C	A	B	$\eta_{AB} = 0.97 \sim 0.98$	$\eta_{AB} = 0.97 \sim 0.98$
	B	A	$\eta_{BA} = \eta_{AB}$	$\eta_{BA} = \eta_{AB}$
B	A	C	$\eta_{AC} = \dfrac{i_{AB}\eta_{AB} - 1}{i_{AB} - 1}$	$\eta_{AC} = \dfrac{\eta_{BA} - i_{AB}}{\eta_{BA}(1 - i_{AB})}$
	C	A	$\eta_{CA} = \dfrac{\eta_{BA}(i_{AB} - 1)}{i_{AB} - \eta_{AB}}$	$\eta_{CA} = \dfrac{1 - i_{AB}}{1 - i_{AB}\eta_{AB}}$
A	C	B	$\eta_{CB} = \dfrac{1 - i_{AB}}{\eta_{AB} - i_{AB}}$	$\eta_{CB} = \dfrac{\eta_{AB}(1 - i_{AB})}{1 - i_{AB}\eta_{AB}}$
	B	C	$\eta_{BC} = \dfrac{1 - i_{AB}\eta_{AB}}{\eta_{AB}(1 - i_{AB})}$	$\eta_{BC} = \dfrac{\eta_{BA} - i_{AB}}{1 - i_{AB}}$

表 3-8　内齿差速器效率

基本构件			i_{AB} 为负值
固定	驱动	从动	
C	A	B	$\eta_{AB} = 0.97 \sim 0.98$
	B	A	$\eta_{BA} = \eta_{AB}$

续表 3-8

| 基本构件 | | | i_{AB} 为负值 |
固定	驱动	从动	
B	A	C	$\eta_{AC} = \dfrac{1 - i_{AB}\eta_{AB}}{1 - i_{AB}}$
	C	A	$\eta_{CA} = \dfrac{\eta_{CA}(1 - i_{AB})}{\eta_{BA} - i_{AB}}$
A	C	A	$\eta_{CB} = \dfrac{\eta_{AB}(i_{AB} - 1)}{i_{AB}\eta_{AB} - 1}$
	B	C	$\eta_{BC} = \dfrac{i_{AB} - \eta_{BA}}{i_{AB} - 1}$

3.2.4.3 差动效率

下面分两种情况确定差速运转时差速器效率。

A 外齿差速器

差速时差速器有两个基本构件主动，一个基本构件从动；或一个基本构件主动，两个基本构件从动，它的效率均为：

$$\eta = \frac{输出功率}{输入功率}$$

上式是差速运转时通用效率公式，在各种驱动情况时具体公式见表 3-9。

表 3-9 外齿差速器差速时效率

驱动件	从动件	差速效率
A 和 C	B	$\dfrac{N_B}{N_A + N_C}$
A 和 B	C	$\dfrac{N_C}{N_A + N_B}$
B 和 C	A	$\dfrac{N_A}{N_B + N_C}$
A	B 和 C	$\dfrac{N_B + N_C}{N_A}$
B	C 和 A	$\dfrac{N_C + N_A}{N_B}$
C	A 和 B	$\dfrac{N_A + N_B}{N_C}$

表 3-9 中，N 为每个基本构件功率，N_A 即为基本构件 A 之功率；$N(kW)$ 值由下式计算：

$$N = \frac{Mn}{9550}$$

式中　M——每个基本构件之扭矩，由上节扭矩分配公式确定，N·m；

　　　n——每个基本构件之转速，在直流电动机率速度变化时只取极限值近似计算，r/min。

　　B　内齿差速器

内齿差速器差速时效率计算公式见表 3-10。

表 3-10　内齿差速器差速时效率

基 本 构 件		效 率 公 式
驱动	从动	
A 和 B	C	$\eta = 1 - \left\| \dfrac{n_A - n_C}{(i_{AB} - i) n_C} \right\| \psi^C$
C	A 和 B	
B 和 C	A	$\eta = 1 - \left\| \dfrac{n_A - n_C}{n_A} \right\| \psi^C$
A	B 和 C	
A 和 C	B	$\eta = 1 - \left\| \dfrac{n_B - n_C}{n_B} \right\| \psi^C$
B	A 和 C	

表中：

$$\psi^C = \psi^C_{AE} + \psi^C_{BE} \tag{3-26}$$

$$\psi^C_{AE} = 2.3f \left(\frac{1}{Z_A} + \frac{1}{Z_E} \right) \approx 0.184 \left(\frac{1}{Z_A} + \frac{1}{Z_E} \right) \tag{3-27}$$

$$\psi^C_{BE} = 2.3f \left(\frac{1}{Z_E} - \frac{1}{Z_B} \right) \approx 0.184 \left(\frac{1}{Z_E} - \frac{1}{Z_B} \right) \tag{3-28}$$

f 为齿面摩擦系数，$f = 0.05 \sim 0.1$，一般取 $f = 0.08$；当重载传动短期工作时推荐取 $f = 0.1 \sim 0.12$。

3.2.5　差速器之合理速比

为了充分发挥差速器优越性，确定合理之差速器速比非常关键。

3.2.5.1　外齿差速器

外齿差速器速比与效率关系很大。已知速比 i_{AB} 及效率 η_{AB}，则外壳旋转时效率 η_{AB} 值见表 3-11。

表 3-11 i_{AB} 为正值，外壳旋转时效率

$$i_{AB} > 1, \quad \eta_{CB} = \frac{1 - i_{AB}}{\eta_{BA} - i_{AB}}$$

i_{AB}	i_{CB}	η_{BA}					
		0.95	0.96	0.97	0.98	0.985	0.99
1.01	101	0.166	0.2	0.25	0.33	0.4	0.5
1.0	34.4	0.375	0.43	0.5	0.6	0.67	0.75
1.08	13.5	0.615	0.665	0.725	0.8	0.845	0.89
1.1	11	0.667	0.715	0.77	0.835	0.87	0.90
1.3	4.34	0.855	0.88	0.91	0.935	0.95	0.97
1.6	2.67	0.925	0.94	0.95	0.97	0.975	0.985
1.9	2.11	0.95	0.96	0.97	0.98	0.985	0.99
3	1.5	0.975	0.98	0.985	0.99	0.993	0.995
5	1.25	0.985	0.99	0.992	0.994	0.995	0.996

$$i_{AB} < 1, \quad \eta_{CB} = \frac{\eta_{AB}(1 - i_{AB})}{1 - i_{AB}\eta_{AB}}$$

i_{AB}	i_{CB}	η_{AB}					
		0.95	0.96	0.97	0.98	0.985	0.99
0.99	−99	0.158	0.192	0.242	0.326	0.394	0.493
0.97	−32.4	0.357	0.410	0.484	0.587	0.655	0.74
0.92	−11.5	0.61	0.66	0.717	0.785	0.83	0.88
0.9	−9	0.67	0.71	0.775	0.816	0.855	0.9
0.7	−2.33	0.855	0.885	0.913	0.935	0.955	0.97
0.5	−1	0.906	0.922	0.943	0.96	0.97	0.98
0.3	−0.428	0.935	0.95	0.96	0.975	0.98	0.99
0.1	−0.111	0.945	0.957	0.96	0.975	0.98	0.99

从表 3-11 中分析效率 η_{CB} 值，与下面两个因素有关：

（1）当速比 i_{AB} 值不接近于 1 时效率高。

从表 3-11 看出在 $i_{AB} > 1.6$ 及 $i_{AB} < 0.5$ 时，效率 η_{AB} 都很高。也就是大部分差速器效率高，这些效率高的范围，正是差速器经常使用的速比。因为一般用差速器，既用它调速，同时也用它减速。这样在调速的传动装置中可以省掉减速机。

当 $i_{AB} \approx 1$ 时，效率低掌握这个规律不使用这个区域即可避免效率低之缺点。

（2）齿轮加工精度高时效率大幅度提高。

在开始研究外齿差速器时，齿轮精度不高，用中硬齿面，滚齿机加工效率能达到 $\eta_{AB} = 0.97 \sim 0.98$，驱动电动机 500kW 在冲击负荷大，连轧机主传动上使用十年以上。现在加工精度不断提高，可以用硬齿面，磨齿，齿轮精度 5 级，其效率 $\eta_{AB} = 0.99$，这样相应效率 η_{CB} 也大幅提高。

但 i_{AB} 也不能太大，太大则差速器外壳尺寸加大，重量也加大，几组行星轮有可能碰上。

在设计时要全面考虑，诸如外形尺寸、设备重量、飞轮扭矩、润滑、行星轮离心力、效率等综合因素来确定速比。

单纯为了差动调速，可以在 $i_{AB} = 1.8 \sim 3$ 范围内设计外齿差速器；外齿差速器最好速比 $i_{AB} \approx 2$。

确定外齿差速器速比很重要，它与效率关系很大。参考表 3-11 确定外齿差速器的速比，保证效率高。

现在只要速比选择合适，有理论证明，有试验数据证明：外齿差速器效率高，能够很好地传递功率，能够承受冲击负荷、连续负荷，是个性能很好的设备。

3.2.5.2　内齿差速器

内齿差速器之常用速比为 i_{AC}，假如 $i_{AC} = 2$，从式（3-4）知，必须则出现 $Z_A = Z_B$，这样则没有行星轮位置，所以 i_{AC} 不可能等于 2；假如 $i_{AC} = 3$，则因行星轮太小，行星轮轴承不好处理。假如 $i_{AC} = 6$，则太阳轮小一些，它需要与几个行星轮啮合，这样降低差速器承载能力。

单纯为了差动调速，速比 $i_{AC} \approx 3.5 \sim 5.5$ 范围内设计内齿差速器，内齿差速器最佳 $i_{AC} \approx 4$。

3.2.6　差速器齿轮之齿数

3.2.6.1　装配条件

A　外齿差速器

外齿差速器的齿数不像内齿差速器那样必须满足某个公式，外齿差速器齿轮主要根据速比来决定齿数；如能做到太阳轮齿数能被行星轮组数 U 除，可以得整数，则装配时稍方便此些。

$$\frac{Z_A}{U} = C \tag{3-29}$$

$$\frac{Z_B}{U} = C \tag{3-30}$$

式中　C——比值，为整数时装配稍方便些；

　　Z_A——A 轮齿数；

　　Z_B——B 轮齿数；

　　U——行星轮组数。

　B　内齿差速器

　　内齿差速器，行星轮个数 U 在齿圈与太阳轮之间要均匀分布，并且每个行星轮同时与齿圈 B 和太阳轮 A 相啮合而没有错位现象，其条件为：

$$\frac{Z_A + Z_B}{U} = C \tag{3-31}$$

式中　Z_A——太阳轮齿数；

　　　Z_B——齿圈齿数；

　　　U——行星轮个数；

　　　C——整数。

3.2.6.2　同心条件

　A　外齿差速器

　　外齿差速器如图 3-11（a）中 a、e 齿轮的中心距 A_{ae} 必须与 b、f 齿轮的中心距 A_{bf} 相等，即：

$$A_{ae} = A_{bf} \tag{3-32}$$

　　齿轮模数相同，不变位啮合齿轮，其条件为：

$$Z_a + Z_e = Z_f + Z_b$$

　B　内齿差速器

　　内齿差速器如图 3-11（b）中 a、e 齿轮中心距 A_{ae} 必须与 b、e 齿轮中心距 A_{be} 相等，即：

$$A_{ae} = A_{be} \tag{3-33}$$

　　齿轮模数相同，不变位啮合齿轮，其条件为：

$$Z_a + Z_e = Z_b - Z_e$$

3.2.6.3　邻界条件

　　在差速器中必须保证行星轮之间有间隙，即两相邻行星的顶圆半径之和应小于其中心距（图 3-11），即：

$$2R_e < L \tag{3-34}$$

　　D_e 为行星轮顶圆直径，$D_e = 2R_e$；L 为 D_e 最小容许差值，决定制造精度，实际上它可取到 1mm 左右。

3.2.7　调速范围及速比计算

　　过去连轧机采用直流电动机调速时，它的转速可以从 0 转速到额定转速，它的调速范围是百分之百，实际连轧生产不会使用这么大调速范围，一般 40% 调速

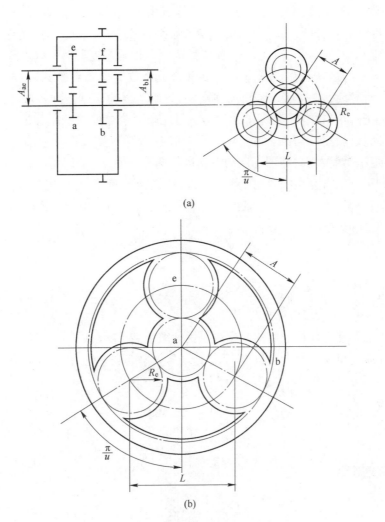

图 3-11　差速器装配条件、同心条件、临界条件

(a) 外齿；(b) 内齿

范围就够了。如果采用直流连轧，直流电动机功率为 600kW，转速为 0~600r/min；而采用差动调整连轧，其中交流电动机功率为 500kW，转速 500r/min，直流电动机功率为 100kW，转速为 1000r/min，调整范围为±20%，这样也相当直流电动机功率 600kW，转速 400~600r/min。

前面论述过，差速器有两个自由度：三个基本构件可以任意输入两个转速，是"动自由度"（本书中，若没有具体指明，"自由度"均指"动自由度"）；差速器的三个基本构件的扭矩之间，存在一个不变的关系，即差速器只有一个唯一的扭矩能够任意给定，另外两个扭矩则随之确定，此"唯一的扭矩"就是

"静自由度", 也就是差速器只有一个"静自由度", 比如: 太阳轮 A 扭矩给定 M_A, 则行星架 C 必须按 M_A 要求给定 M_C, 为了保证 M_C 合理, 需要用计算式 (3-36) 和式 (3-37) 计算出 i_{2B} 或 i_{2C} 速比数值。在设计差速器时, 要求差速器小直流电动机输出轴转速与差速器输出轴转速之速比数值应大于等于 i_{2B} 或 i_{2C} 速比数值。实际计算时, 将小直流电动机输出轴与差速器输出轴之间各段速比进行连乘, 我们把这个乘积与 i_{2B} 或 i_{2C} 速比值进行比较, 若乘积大于 i_{2B} 或 i_{2C} 速比数值, 则差速器设计安全; 若乘积小于 i_{2B} 或 i_{2C} 速比数值, 则按照"只有一个静自由度"的原则, 需要对差速器选用的齿轮进行调整, 使得乘积大于等于 i_{2B} 或 i_{2C} 速比数值即可。追求完全相等比较困难, 也没有必要, 使得我们设计出来的差速器速比数值比理论计算 i_{2B} 或 i_{2C} 略大一些, 可以避免小直流电动机经常性过载。

调速范围 S 按下式计算:

$$S = \frac{N_2}{N_1} \tag{3-35}$$

式中　N_2——D_2 小直流电动功率;

　　　N_1——D_1 交流电动机功率。

在差动调速连轧机应用的差速减速机如图 3-12 所示。

差速减速机从直流电动机 D_2 到差速器输出轴间之速比必须近似为保持下面比例:

外齿差速器:

$$i_{2B} = \frac{n_2 i_{AB}}{n_1 |S|} \tag{3-36}$$

内齿差速器:

$$i_{2C} = \frac{n_2 i_{AC}}{n_1 |S|} \tag{3-37}$$

式中　n_2——D_2 直流电动机转速;

　　　n_1——D_1 交流电动机转速;

　　　$|S|$——调速范围绝对值;

　　　i_{AB}——外齿差速器, 当外壳 C 固定时 A 与 B 的速比;

　　　i_{AC}——内齿差速器, 当内齿圈固定时 A 与 C 的速比。

在差动调速连轧应用的差速器如表 3-13 所示。

3.2.8　差速时参数分配

3.2.8.1　速度分配

差速时按下面公式确定转速。

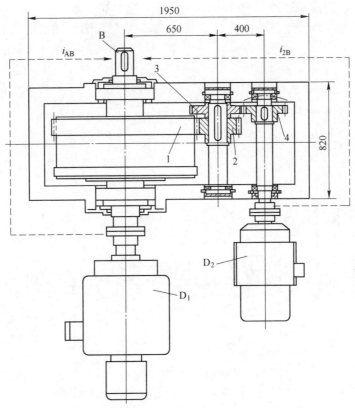

图 3-12 在差动调速连轧机应用的差速减速机

D$_1$—交流电动机，$N_1 = 500\text{kW}$，$n_1 = 688\text{r/min}$；

D$_2$—直流电动机，$N_2 = 100\text{kW}$，$n_2 = 1000\text{r/min}$；

外壳 C 齿数：$1—Z_1 = 100$；$2—Z_2 = 30$；$3—Z_3 = 56$；$4—Z_4 = 24$

（$i_{AB} = 2.04$；$i_{2B} = 15.2$；$i_{AC} = -10.4$）

外齿差速器：

$$n_B = \frac{n_1}{i_{AB}} \pm \frac{n_2}{i_{2B}} \tag{3-38}$$

内齿差速器：

$$n_C = \frac{n_1}{i_{AC}} \pm \frac{n_2}{i_{2C}} \tag{3-39}$$

式中　n_B——外齿差速器 B 轮输出轴转速；

　　　　n_C——内齿差速器行星架 C 输出轴转速；

　　　　n_1——D$_1$ 交流电动机转速；

　　　　n_2——D$_2$ 直流电动机转速；

i_{AB}——外齿差速器，当外壳 C 固定时 A 与 B 的速比；

i_{AC}——内齿差速器，当齿圈 B 固定时 A 与 C 的速比；

i_{2B}——外齿差速减速机之 D_2 直流电动机到 B 轮输出轴总速比，如图 3-12 所示，其值为齿轮 4、3 及 2、1 速比和差速器速比 i_{CB} 连乘；

i_{2C}——内齿差速减速机之 D_2 直流电动机到行星架 C 输出轴总速比，如图 3-35 所示，其值为齿轮 1 速比及齿轮 2 与 3、4 的速比和差速器速比 i_{BC} 连乘。

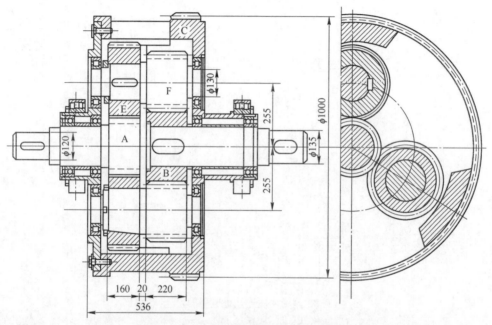

图 3-13 在差动调速连轧应用的差速器

($N_z = 500$kW；$Z_A = 21$；$Z_B = 30$；$Z_E = 30$；$Z_F = 21$；

$i_{AB} = 2.04$；$i_{CB} = 1.96$；$i_{AC} = -1.04$；$m = 10$)

当 D_1 和 D_2 两台均为交流电动机，n_1 和 n_2 转速固定或者分别等于零时，这时通过式（3-38）和式（3-39）中正负号变换，则 n_B（或 n_C）有 4 挡速度，如图 3-39 的转炉旋转有 4 挡速度即能满足要求。

如 D_1 为交流电动机时，n_1 转速固定，而 D_2 为直流电动机时，在设计时选择合适的电动机额定转速，同时考虑到 D_2 电动机调速到某理想转速后，通过式（3-38）和式（3-39）计算差速减速机输出轴转速达到工艺要求的 n_B（或 n_C）。

3.2.8.2 扭矩分配与功率分配

A 差速时扭矩分配

$$M_B = M_1 i_{AB} = M_2 i_{2B} = 9550 \frac{N_1 \pm N_2}{n_B} \tag{3-40}$$

$$M_C = M_1 i_{AC} = M_2 i_{2C} = 9550 \frac{N_1 \pm N_2}{n_B} \tag{3-41}$$

式中　M_B——外齿差速器在忽略功率损失时 B 轮的输出轴扭矩，N·m；

　　　　M_C——内齿差速器在忽略功率损失时行星架 C 的输出扭矩，N·m；

　　　　M_1——D_1 交流电动机轴上扭矩；

　　　　M_2——D_2 直流电动机轴上扭矩；

　　　　N_1——D_1 交流流电动机输出功率；

　　　　N_2——D_2 直流电动机轴上输出功率。

用上面公式计算结果及试验室试验，工业生产实践都证明 B 轮（行星架 C）输出轴为等扭矩输出。说明只开某一台电动机，同时开动两台电动机，两台电动机旋转方向相同，两台电动机旋转方向相反，这 4 种情况 B 轮（行星架 C）输出轴的输出扭矩近似相等。当然外负荷增减时输出扭矩也增减，可是不一定按照等扭矩输出原则增减。

B　差速时功率分配

$$N_{BC} = N_1 \pm N_2 \tag{3-42}$$

式中　N_{BC}——在忽略功率损失时，B 轮（行星架 C）输出轴的输出功率；

　　　　N_1——D_1 交流电动机输出功率；

　　　　N_2——D_2 直流电动机输出功率。

式中正号为两台电动机旋转方向相同。负号为两台电动机旋转方向相反。试验证明，两台电动机旋转方向相同，B 轮（行星架 C）输出轴的输出功率为两台电动机功率相加，两台电动机均为电动状态；当两台电动机旋转方向相反时 B 轮（行星架 C）输出轴的输出功率为两台电动机功率相减，交流大电动机是电动状态，小电动机为发电状态，发出之直流电逆变后返回电网。

掌握等扭矩输出原则，能考虑在哪些设备上适用差动调速。一般设备都要求调速时扭矩不要波动，所以等扭矩输出的差动调速技术应用范围广泛。同时掌握等扭矩输出原则，在这套传动装置就不用考虑由于扭矩波动而产生之过载负荷，在计算传动部件时可按一台电动机扭矩计算强度。

3.2.9　产生飞车的原因与防止措施

当差速器三个基本构件其一为驱动件，另外两个为从动件时，这两个从动件如哪一个阻力加大，则它速度减少或到停止，而另外一个从动件速度加大。在连轧机上应用差速器，当交流大的电动机开动时，轧机正在轧钢。这时如出现小直流电动机失压（可控硅停电或未合闸，可控硅快速熔断、烧断）、失流（直流主回路跳闸、断路等）、失励（励磁电流消失），则直流电动机不工作，这时，通过差速器外壳 C 及外面挂轮增速，可使直流电动机超速旋转。从图 3-12 和

图 3-13可以计算出转子飞车最高转速。

$D_1 = 500kW$；$n_Z = 688r/min$；$D_2 = 100kW$，$n_2 = 1000r/min$；$Z_A = 21$；$Z_B = 30$；$Z_E = 30$；$Z_F = 21$；$i_{AB} = 2.04$；$i_{CB} = 1.96$；$i_{AC} = -1.04$；$m = 10$。

小直流电动机飞车转速：

$$n_飞 = 688 \times \frac{1}{-1.04} \times \frac{100}{30} \times \frac{56}{24} = -5145r/min$$

小直流电动机被迫旋转−5145r/min，可能造成设备损坏或发生其他事故。防止飞车措施很简单。在电气设计时使直流电动机发出电流，用自动开关接至能耗电阻，使直流电动机处于有负荷状态，产生制动扭矩（转速越高，能耗制动扭矩越强），因此能有效地防止飞车。采用这种措施所有差动调速均未出现飞车。另外（见图 3-39）在转炉倾动上应用差速器，两台电动机都是交流电动机时，只将大、小交流电动机轴上都装制动器即可防止飞车。

3.3　差速器的设计经验介绍

3.3.1　差速器研究过程

作者专业从事差速器的研究与设计 10 多年，在 20 世纪 70 年代，从设计 50t 顶吹氧转炉的倾动装置开始，就采用了 125kW 中型内齿差速器，转炉正式投产后，立即投入冶金工业部的科研项目"差动调速连轧机试验研究"：从小到大、从少架连轧到多架连轧，从内齿差速器到外齿差速器，功率从几十千瓦到 500kW，差速器备件寿命从几个月到十年以上，项目环节从设计、制造设备到轧机生产，设计制造了十几套差动调速连轧机，设计了十几种差速器，一个比一个好，这些设备已经在生产中使用了十多年时间，本书将全面分享这些宝贵经验。

为方便工程技术人员使用本书，作者还收集整理了目前很难找到，但非常实用的一百多个差速器计算公式（含书中表内公式）。这些差速器在国外应用较早，能够巧妙解决调速问题，我国虽然起步晚，相信也将很快大规模应用。作者差速器研究成果弥补了过去我国没有这种能承受冲击负荷，大功率差速器的空白，在本书中，作者将十年磨一剑的差速器设计经验，介绍给大家参考。

3.3.2　外齿差速器的合理设计方案

外差速器主要是几个齿轮和轴承，它的结构是什么样子，它有哪些优点，如何提高承载能力，并运行可靠，如图 3-14 所示。

3.3.2.1　太阳轮 A 及太阳轮 B 轴均有两个轴承支撑

这样齿轮受力合理，齿轮使用寿命长，如果一边有轴承，太阳轮是悬臂，即

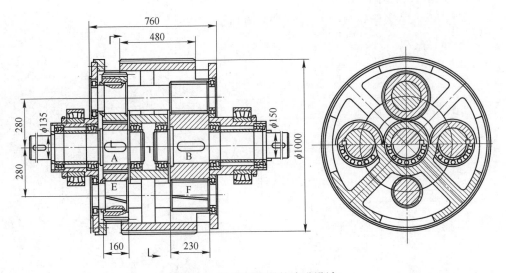

图 3-14 外齿差速器的改进设计

使装两个轴承，磨损后太阳轮会有小摆动，这样齿轮磨损快、噪声大。最好太阳轮 A 及太阳轮 B 轴均有两个轴承两边支撑，如图 3-14 所示。也有两个太阳轮轴一粗一细，将太阳轮细轴插到太阳轮粗轴里也要有轴承这样也好用，如图 3-7 和图 3-15 所示。

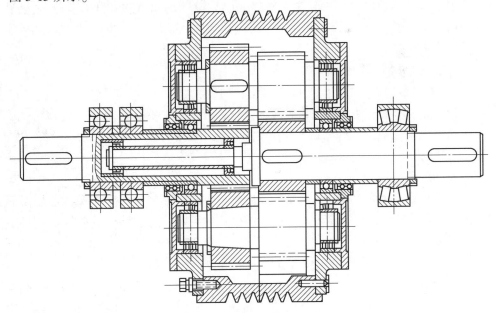

图 3-15 外齿差速器用轴中轴解决太阳轮悬臂问题

3.3.2.2 采用斜齿轮

外齿差速器太阳轮悬臂方案如图 3-16 所示。

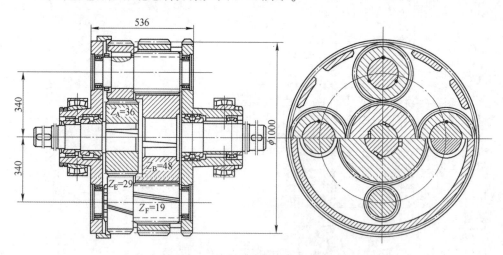

图 3-16 外齿差速器太阳轮悬臂方案

外齿差速器的太阳轮和行星轮采用斜齿轮，不仅运转平稳，噪声低，而且能大幅度提高承载能力。在设计时应采用两个行星轮所产生的轴向力方向相反，达到行星轮的轴向力抵消。

由于 E 轮是被动轮，F 轮是主动轮，所以 β_1 与 β_2 角方向相同，其轴向力方向相反，实现了轴向力可以抵消一部分，抵消大部分即可，有小量轴向力轴承可以承受。设计时采用调心滚子轴承，轴承受力合理提高轴承寿命。

3.3.2.3 差速器结构改进

A 行星轮破壳而出

因为大功率差速器均放在齿轮箱内运行，行星轮 E 不一定包在外壳 C 内，行星轮 E 可以破壳而出，这样加大太阳轮与行星轮的中心距，壳外齿轮润滑好，如图 3-16 所示。

B 增加行星轮数量

外齿行星差速器，有三组行星轮及四组行星轮两种，为了提高承载能力最好采用四组行星轮。四组行星轮对称配置，平衡效果好。高速行星差速器多采用四组行星轮。

C 精心确定差速器内各段的齿轮速比

当已知差速器的速比 i_{AB} 时，如何确定各段的分速比 i_{AE} 和 i_{FB} 是一项细致而重要的工作。最初采取简单平均平分配的办法，比如：$i_{AB} = 2.04$，则 $i_{AE} = i_{FB} = \sqrt{2.04} = 1.43$，其结果 E 轮比 A 轮大，差速器齿轮中心距受到限制，在外壳齿轮

$\phi = 1000\text{mm}$ 条件下差速器中心距 $A = 255\text{mm}$（图 3-13）。在差速器外壳齿轮直径 $\phi1000\text{mm}$ 不变，设 $i_{AE} = 1$，$i_{FB} = 2.04$，可使中心距增大到 $A = 280\text{mm}$（图 3-14）。进一步发展，设 $i_{AC} = 0.8$，$i_{FB} = 2.53$，可使中心距 $A = 340\text{mm}$（图 3-16）。

D　设计齿轮的要求

齿轮材质 20CrNi2MoA，热处理，齿部渗碳淬火，齿轮全部采用硬齿面，圆柱齿轮精度不低于 ISO 1328-1：1995 的 6 级，整体精度 6 级。

3.3.2.4　总结

全面采用以上合理方案：（1）太阳轮 A 及太阳轮 B 轴均有两个轴承支承；（2）采用斜齿轮；（3）行星轮破壳而出；（4）增加行星轮数量；（5）精心确定差速器各段的速比；（6）设计齿轮按上面要求。如果设计考虑上述措施，差速器承载能力可提高一倍。同样差速器外壳齿轮直径 $\phi1000\text{mm}$ 过去传动功率是 500kW。在差速器外壳齿轮直径 $\phi1000\text{mm}$ 不变的条件下，采用合理方案后传递功率是 1000kW。

3.3.2.5　外齿差速器计改进计算比较

A　老结构外齿差速器计算实例

选择过去设计的差速器，从表 3-10 六架差动调速连轧机中，第六架（N_6）负荷较大。电动机功率 494kW ≈ 500kW；差速器输入转速 $n = 337.4 \times 2.04 = 688\text{r/min}$；差速器见图 3-15。外壳齿轮分度圆直径 $\phi1000\text{mm}$；差速器内部齿轮中心距 $a = 255\text{mm}$；$N_z = 500\text{kW}$；$Z_A = 21$；$Z_B = 30$；$Z_E = 30$；$Z_F = 21$；$i_{AB} = 2.04$；$i_{CB} = 1.96$；$i_{AC} = -1.04$；$m = 10$，见 500kW 差速器齿轮强度计算表。

B　改进后外齿差速器计算实例

图 3-14 所示外齿差速器传递功率，1000kW；精心确定各段速比，$i_{AB} = 2$；$i_{AE} = 1$；$i_{FB} = 2$；$Z_Z = 44$；$Z_E = 44$；$Z_F = 30$；$Z_B = 60$；$m = 6$；采用 4 组行星轮，硬齿面，太阳轮双面有支承，采用斜齿轮 $\beta_1 = 19.46246°$，$\beta_2 = 15.358889°$。

（1）速比计算（表 3-1）：

$$i_{AB} = \frac{Z_B Z_E}{Z_A Z_F} = \frac{60 \times 44}{44 \times 30} = 2$$

$$i_{CB} = \frac{i_{AB}}{i_{AB} - 1} = \frac{2}{2 - 1} = 2$$

$$i_{AC} = 1 - i_{AB} = 1 - 2 = -1$$

（2）查效率：

表 3-11 中，i_{AB} 为正值；$i_{AB} > 1$ 上面数比与表中第七行相似，第七效率较高：

$$\eta_{AB} = 0.99$$

(3) 装配条件（式（3-29）和式（3-30））：

$$C = \frac{Z_A}{U} = \frac{44}{4} = 10$$

$$C = \frac{Z_B}{U} = \frac{60}{4} = 15$$

式中　C——比值，为整数时装配时方便些；

　　Z_A——A 轮齿数；

　　Z_B——B 轮齿数；

　　U——行星轮组数。

(4) 同心条件（式（3-32））：

$$A_{AE} = A_{BF}$$

$$A_{AE} = \frac{m_s Z_C}{2} = \frac{6.363636 \times 88}{2} = 280$$

式中，Z_C 为 A、E 轮齿数和，$Z_C = 88$；$m_s = \frac{m_n}{\cos\beta_1} = \frac{6}{\cos 19.46246°} = 6.363636$；

$A_{BC} = \frac{m_s Z_C}{2} = \frac{6.22222 \times 90}{2} = 280$；$m_s = \frac{m_n}{\cos\beta_2} = \frac{6}{\cos 15.358889°} = 6.22222$。

(5) 邻界条件（式（3-34））：

$$2R_e < L$$

行星轮顶圆直径

$$D_e = 2R_e = D + 2M_n = 280 + 2 \times 6 = 292\text{mm}$$

$$L^2 = A^2 + A^2$$

式中　R_e——行星轮齿顶圆半径，$R_e = 146\text{mm}$；

　　M_n——法向模数，$M_n = 6\text{mm}$；

　　A——行星轮啮合中心距，$A = 280\text{mm}$；

　　L——行星轮非啮合中心距，$L = \sqrt{A^2 + A^2} = \sqrt{280^2 + 280^2} = 395.98\text{mm}$。

$2R_e = 292\text{mm} < 395.98\text{mm}$，合理。

(6) 调速范围（式（3-35））：

$$S = \frac{N_2}{N_1} = \frac{100}{500} = 20\%$$

式中　N_1——D_1 交流电动机功率，$N_1 = 500\text{kW}$；

　　N_2——D_2 直流电动机功率，$N_2 = 100\text{kW}$。

(7) 直流电动机到差速器输出轴间之速比（式（3-36））：

$$i_{2B} = \frac{n_2 i_{AB}}{n_1 |S|} = \frac{1000 \times 2}{688 \times 0.2} = 14.53$$

可采用图 3-12 中 $i_{2B} = 15.2$。

式中　n_2——D_2 电动机转速，$n_2 = 1000\text{r/min}$；

　　　n_1——D_1 电动机转速，$n_1 = 688\text{r/min}$；

　　　$|S|$——调速范围绝对值，$|S| = 0.2$；

　　　i_{AB}——外壳固定时 A 与 B 的速比，$i_{AB} = 2$。

（8）速度分配（式（3-38））：

$$n_B = \frac{n_1}{i_{AB}} \pm \frac{n_2}{i_{2B}} = \frac{688}{2} \pm \frac{1000}{15.2} = 278 \sim 410\text{r/min}$$

式中　n_B——外齿差速器 B 轮输出轴转速；

　　　n_1——D_1 交流电动机转速，$n_1 = 688\text{r/min}$；

　　　n_2——D_2 直流电动机转速，$n_2 = 1000\text{r/min}$；

　　　i_{AB}——外齿差速器，当外壳 C 固定时 A 与 B 的速比，$i_{AB} = 2$；

　　　i_{2B}——外齿差速减速机 D_2 直流电动机到 B 轮输出轴总局速比，如图 3-12 所示，其值为齿轮 4、3 及 2、1 速比和差速器速比 i_{CB} 连乘，$i_{2B} = 14.53$，可采用 $i_{2B} = 15.2$。

（9）轧辊线速度：

$$v = \frac{\pi D n_B}{60} = \frac{\pi \times 0.3 \times (278 \sim 410)}{60} = 4.367 \sim 6.44\text{m/s}$$

式中　D——轧辊直径，$D = 300\text{mm}$。

　　外壳齿轮分度圆直径仍然是 $\phi1000\text{mm}$；经过上面改进，差速器承载能力从 500kW 提高一倍至 1000kW。500kW 及 1000kW 差速器齿轮强度计算见表 3-12 ~ 表 3-15。

表 3-12　500kW 差速器齿轮强度计算表（GB 3480—83）

序号	符号	名　称	单位	数值范围
1	Type	啮合型式		0
2	m	法面模数	mm	10
3	Z_1	小齿轮齿数		21
4	Z_2	大齿轮齿数		30
5	β	螺旋角		0
6	X_1	小齿轮变位系数		0
7	X_2	大齿轮变位系数		0
8	b	工作齿宽	mm	160
9	Powr	传动功率	kW	500

序号	符号	名　称	单位	数值范围
10	n_1	小齿轮转数	r/min	688
11	K_A	载荷系数		2.25
12	Grad_2	第Ⅱ组精度等级		8
13	Arrng	传动布置形式		太阳轮悬臂布置
14	Life	设计寿命	h	600000
15	Matl1	小齿轮材料		表面硬化
16	Matl2	大齿轮材料		调质钢
17	Hardn	小齿轮齿面硬度		硬齿面
18	HB2	大齿轮齿面硬度		软齿面
19	J	与小齿轮啮合的齿轮个数		3
20	μ_{50}	润滑油黏度（50℃时）	Pa·s	1.7
21	σ_{H01}	小齿轮材料接触疲劳极限	MPa	1450
22	σ_{H02}	大齿轮材料接触疲劳极限	MPa	1450
23	σ_{F01}	小齿轮材料弯曲疲劳极限	MPa	450
24	σ_{F02}	大齿轮材料弯曲疲劳极限	MPa	450

表 3-13　计算结果

符号	名　称	单位	数值
SH	接触疲劳安全系数		1.1065
SF_1	小齿轮弯曲疲劳安全系数		1.587
SF_2	大齿轮弯曲疲劳安全系数		1.722
F_t	切向力	N	65299
F_r	径向力	N	23767
F_x	轴向力	N	7.56

表 3-14　1000kW 差速器齿轮强度计算（GB 3480—83）

序号	符号	名　称	单位	AE 轮数值	FB 轮数值
1	Type	啮合型式		外啮合	外啮合
2	m	法面模数	mm	6	6
3	Z_1	小齿轮齿数		44	30
4	Z_2	大齿轮齿数		44	60
5	β	螺旋角		19.46246	15.358889

序号	符号	名　　称	单位	AE 轮数值	FB 轮数值
6	X_1	小齿轮变位系数		0	0
7	X_2	大齿轮变位系数		0	0
8	b	工作齿宽	mm	160	230
9	Powr	传动功率	kW	1000	1000
10	n_1	小齿轮转数	r/min	688	344
11	K_A	载荷系数		2.25	2.25
12	$Grad_2$	第Ⅱ组精度等级		8	8
13	Arrng	传动布置形式		齿轮置两轴之间 齿轮非对称布置	
14	Life	设计寿命	h	600000	600000
15	Matl1	小齿轮材料代码		20CrNi2MoA	20CrNi2MoA
16	Matl2	大齿轮材料代码		20CrNi2MoA	20CrNi2MoA
17	Hardn	小齿面硬度代码		渗碳淬火硬齿面	渗碳淬火硬齿面
18	HB2	大齿轮齿面硬度		渗碳淬火硬齿面	渗碳淬火硬齿面
19	J	与小齿轮啮合的齿轮个数		4	4
20	μ_{50}	润滑油黏度（50℃时）	Pa·s	1.7	1.7
21	σ_{H01}	小齿轮材料接触疲劳极限	MPa	1450	1450
22	σ_{H02}	大齿轮材料接触疲劳极限	MPa	1450	1450
23	σ_{F01}	小齿轮材料弯曲疲劳极限	MPa	450	450
24	σ_{F02}	大齿轮材料弯曲疲劳极限	MPa	450	450

表 3-15　计算结果

符号	名　　称	单位	AE 轮数值	FB 轮数值
SH	接触疲劳安全系数		1.553	1.333
SF_1	小齿轮弯曲疲劳安全系数		1.500	1.50
SF_2	大齿轮弯曲疲劳安全系数		1.50	1.50
F_t	切向力	N	26024	39036
F_r	径向力	N	10045.9	14734
F_x	轴向力	N	9196.25	10722
v	圆周速度	m/s	10.087	6.724

3.3.3　内齿行星差速器的合理设计方案

3.3.3.1　简述

内齿行星差速器过去用的也不多，内齿行星减速机，体积小重量轻，承载能力大，内齿行星减速机经常使用，内齿行星差速器如图 3-17 所示，现在也有一定设计经验。但是内齿行星减速机的内齿圈不旋转，基本构件有分度误差。内齿行星差速器的内齿圈要旋转，这样基本构件有分度误差会造成运转内齿行星差速器运转困难，采用浮动机构是解决内齿行星差速器的关键措施。

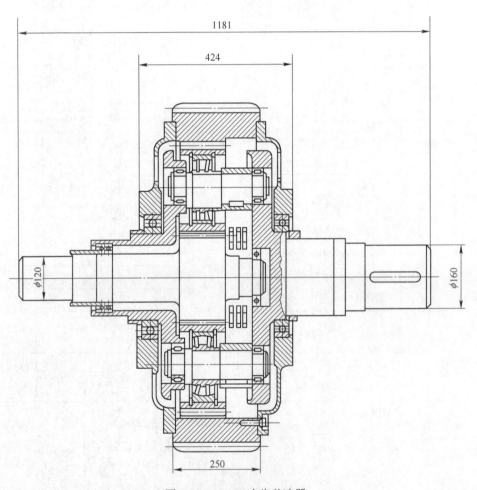

图 3-17　460kW 内齿差速器

3.3.3.2　内齿行星差速器的浮动机构

内齿行星差速器出现多年，过去一直发展缓慢，近来由于加工齿轮精度提高，特别出现浮动机构使内齿行星差速器得到迅速发展，已广泛应用在各个领域。提高行星齿轮精度是很必要的，不过再精密也有误差；而有浮动机构的差速器即使加工误差较大在运行中如出现各个行星轮受力不均时，这些机构就在一定范围内自由浮动，以达到自动调节各轮承受载荷均匀的目的。内齿行星差速器的浮动机构很重要。一般经常采用的有：平衡浮动机构、扇形齿浮动机构、太阳轮浮动机构。

A 平衡臂浮动机构

图 3-18 所示四个行星轮装在行星架上面的四个偏心轴上，行星架上四个孔不在一个圆周上，有两个在理论中心外面，另外两个孔在理论中心里面，通过两

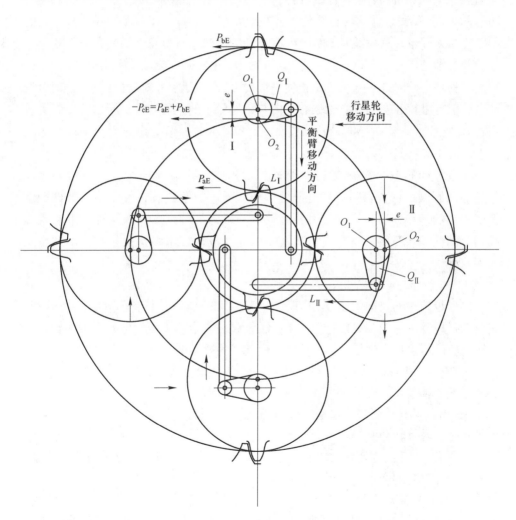

图 3-18 平衡臂浮动机构

个偏心轴往里偏，另外两个偏心轴往外偏使四个行星轮中心在啮合理论圆周上，偏心轴通过平衡臂与浮动环相连，当四个行星轮受力不均时，通过浮动环使之受力平衡。

在运转中，当出现四个行星轮受力不均时，如图 3-18 所示，即使行星轮 I 受力大，而行星轮 II 受力小或不受力时，此时使行星轮 I 的中心 O_2 受力为 $-P_{cE}$ = $P_{aE}+P_{bE}$ 为太阳轮对行星轮作用力，P_{bE} 为内齿圈对行星轮作用力，这个合力与行星架作用在行星轮中心 O_2 上的力 P_{cE} 大小相等，方向相反，这个力对偏心轴的中心 O_1 产生一扭矩，其大小为 $M=(P_{aE}+P_{bE})e$。在这个扭矩作用下，行星轮中心 O_2 就要绕 O_1 顺时针转动一个 $\Delta\varphi$ 的角度，当然偏心轴亦绕其自己中心 O_1 顺时针转动一个 $\Delta\varphi$ 的角度，这时行星轮 I 就好像向左"平移"了一个很小距离，使行星轮 I 与太阳轮 a 及齿圈 b 的啮合处有离开的趋势，行星轮 I 的受力随之减少。

偏心轴与杠杆 Q_I 用键连接，此时杠杆 Q_I 也顺时针转动，平衡臂 L_I 向下运动，浮动环也顺时针转动，于是迫使平衡臂 L_{II} 向左运动并拉着杠杆 Q_{II} 顺时针转动。由于行星轮 II 上的偏心轴偏心方向与行星轮 I 的正好相反，所以行星轮 II 的中心 O_2 虽然也是绕 O_1 顺时针转动，而 5 行星轮 II 这时就好像向下"平移"了一个很小的距离，其受力随之增加。于是行星轮的受力就趋于均匀。

作者设计的 460kW 内齿行星差速器，由于平衡臂浮动机构，虽然差速器零件加工不太精密，可是运转时非常平稳，噪声非常少。它可以弥补零件加工精度不高的缺陷，所以它是一种较好的浮动机构。特别用在像这种太阳轮及齿圈均旋转的内齿行星差速器更为适宜。但这套机构加工稍费事一些，不过也不太困难。

B　扇形齿轮浮动机构

扇形齿轮浮动机构如图 3-19 所示，只适用于两个行星轮同向偏心扇形齿板式浮动机构，行星轮轴装在行星架上，轴上装偏心扇形齿板，偏心齿板的轴套上装行星轮。与前述道理相同，当出现行星轮受力不均时，如上面受力大，下面受力小，在扭矩 $M=(P_{aE}+P_{bE})e$ 的作用下，中心 O_2 绕 O_1 反时针转动一个角度 $\Delta\varphi$，也就是偏心轴套反时针转动了 $\Delta\varphi$，行星轮 I 便向左"平移"，行星轮 I 与太阳轮 a 及齿圈 b 的啮合处有离开趋势，受力随之减少。此时和偏心轴套一体的上面扇形齿板也反时针转动并带动下面扇形齿板作顺时针转动，所以下面的行星轮 II 也向左"平移"，使与太阳轮 a 及齿圈 b 的啮合处有靠紧的趋势，受力随之增加，于是两个行星轮的受力就趋于均匀了。

C　太阳轮浮动机构

太阳轮浮动机构如图 3-20 所示，它通过一套齿形联轴器将输入轴和太阳轮联接起来。在齿轮联轴器内，由于有齿侧间隙，可使太阳轮在一定范围内浮动，

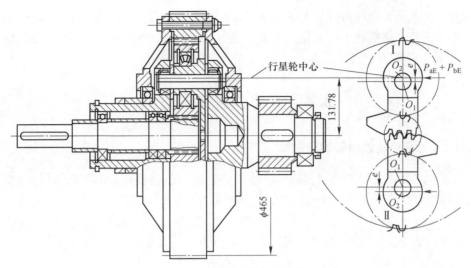

图 3-19 扇形齿轮浮动机构

（主电机：$N_1 = 22.5\text{kW}$；$Z_A = 24$；$Z_E = 50$；$Z_B = 126$；$m = 3$；$i_{AC} = 6.25$，$i_{BC} = 1.19$）

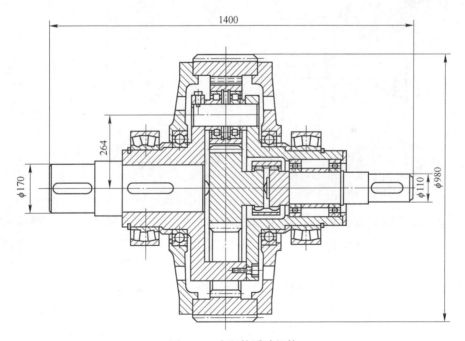

图 3-20 太阳轮浮动机构

（主电机：$N_1 = 400\text{kW}$；$Z_A = 36$；$Z_E = 30$；$Z_B = 96$；$m = 8$；$i_{AC} = 3.67$；$i_{BC} = 1.374$）

来调节各行星轮受力情况。其优点是机构简单，制造容易；其缺点是只能调节太阳轮与行星轮间的关系，不能调节行星轮与齿圈间的关系，不能调节行星架轴孔的分度误差，大型内齿行星差速器由于太阳轮自重太大，其调节性能更差些，太阳轮浮动在高速传动中，其噪声较大。它适用小功率、中低速的内齿行星差速器较为适宜。

3.4 差动调速技术应用

3.4.1 行星齿轮差速器的自由度

"自由度"说明传动装置的活动性，一个齿轮传动装置自由度的数目即是能够同时加给装置几种任意转速的数目，这种自由度称为"动自由度"。

定轴轮系是一个自由度。图 3-21 是三轴定轴轮系，只能外加一个任意转速，再加第二转速就不能任意了，所以是一个自由度。行星轮系图 3-22 也是一个自由度，各种只有一个自由度的装置也称为强制传动。

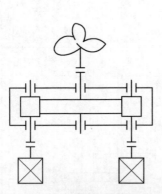

图 3-21 三轴定轴轮系

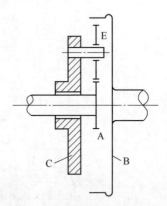

图 3-22 行星轮系一个自由度

可以对行星齿轮差速器（图 3-14 和图 3-17）的两个基本构件，分别施加任意不同转速，所以行星齿轮差速器是两个自由度。本书谈到自由度时，若没有详细说明，按一般语言习惯，均指"动自由度"。这个"动自由度"很好，它可以进行差动调速，巧妙地解决各种复杂的调速难题。

根据静力学规律说明，能够同时加给装置几个任意扭矩的数目也可称为自由度，这里应称为"静自由度"。

行星齿轮差速器。它的 3 个基本构件的扭矩，彼此具有一个不变的关系，所以行星齿轮差速器只有一个唯一的扭矩能任意给定，也就是行星齿轮差速器只有一个"静自由度"。这个"静自由度"很好，它可以敏感调节，维持两个等扭矩输出轴。

下面举例说明等扭矩输出。

3.4.2 汽车两个车轮是等扭矩输出

图 3-23 是用一台电动机带动差速器外壳，驱动件为外壳 C，从动是两个太阳轮 A 及 B、某个张力辊的扭矩增大或减少时，则这个辊子的速度相应地减少或增大。这个作用自动地保持对扭矩敏感的调节速度，促使两个张力辊扭矩相同。

根据式（3-9）：

$$M_A + M_B + M_C = 0$$

如果在外壳 C 加一个已知扭矩 M_C，则 A 与 B 的扭矩能按构件的性能确定下来。如汽车传动牙包（图 3-24），发动机以速度 v_C 驱动驱动差速器外壳，限定了两个车轮速度总和。遇到凹凸不平的路面，两车轮的速度有了差别，当两个轮子中的一个轮的扭矩增大或减少时，则此轮的速度就相应地减少或增大，两个车轮速度之和或平均速度则保持不变。由于速度这样演变，一直调整两个车轮扭矩达到相同为止，所以从发动机分配到两车轮的扭矩是相同。

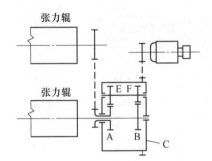

图 3-23 一个静自由度圆柱齿轮差速器

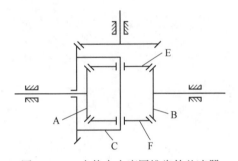

图 3-24 一个静自由度圆锥齿轮差速器

3.4.3 1400mm 四辊冷轧机上应用

某厂原来 1400mm 四辊冷轧机，主传动装置由功率为 465kW，转速为 750r/min 的交流电动机，通过齿形联轴器，带动有外齿差速器的联合减速机，再通过接轴传动给工作辊。

在冷轧合金钢板时，工作辊经常是预先压紧的（为了增加轧机的刚性，在辊面带有达 15MN 的预压紧力）。

由于制造误差和温度关系，冷轧机的两个工作辊按其直径来说有 0.05% ~ 0.1% 的差别，因此，在具有预先压紧的工作辊的轧机空载时，出现一对面工作辊的线速度不再一致。

这种传动装置中，在二重齿轮座的两齿轮轴速度相同情况下，起初这种不一致性是由所在接轴以及齿轮啮合处的间隙来补偿的，再发展由传动零件弹性变形来补偿，这些补偿还不能解决两工作辊线速度一致时，最后到两工作辊，彼此开始打滑。

　　在轧钢以前预先压紧工作辊，未进行轧制，这时由于工作辊直径不同空载运转需要很大动力，这种空载运转主电机消耗功率叫"循环功率"。这种循环功率比轧制功率超过几倍。所以这种轧机传动部件均需考虑相当大的过载能力，以免超载而导致过早损坏。

　　此外，由于轧辊速度不同，轧制时板材与轧辊发生滑动以及板材的微粒沿着变形区的整个宽度粘接到大直径轧辊辊面上。

　　考虑到排除这些缺点，在主轧机上安装了外齿差速器传动装置。这种传动能保证在使用原有电动机时而把轧制速度提高25%。

　　采用差速减速机（图3-25）来代替原来带有齿轮座的联合减速器，它不存在上述之"循环功率"。

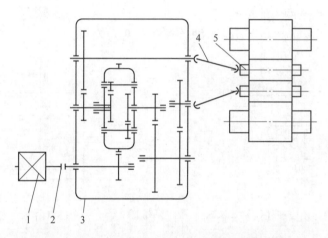

图 3-25　差动调速在 1400mm 四辊冷轧机上应用

　　来自主电动机 1 的扭矩通过齿形联轴器 2、差速减速机 3 和齿形接轴 4 传递给工作辊 5。在轧板时，工作辊可以预先压紧所有间隙。在长期空载时，上、下工作辊线速度的不一致性由差速器按照图 3-23 的原理来自动调整，差速器把总扭矩平均分配给上、下工作辊，把线速度全部传递给上、下工作辊。

　　在安装差速减速机传动后，即使是在两个相互压紧的轧辊的直径差值很大的情况下，在空载时也不出现循环功率。

　　具有差速减速机主传动装置的冷轧机，在使用过程中证明：由于上、下工作辊之间的扭矩均匀分配，因而提高了传动零件可靠性寿命。同时改善了轧辊咬住金属条件，也防止金属"附着"在轧辊上和大大地减少轧机的动载荷，增加了轧辊的寿命，减少了换辊时间，降低了轧辊在重磨方面的单耗和提高了钢板表面质量，大幅度提高了钢板产量。

3.4.4 在张力平整机上应用

带材的表面应是一个理想平面，厚度是均匀的。实际上，冷轧带材因断面不规则，经常有波形起伏，形成边缘或中心区的纵向伸长与纵向或横向的弧度，因而带材内部产生纤维长度不一与内应力不均等缺陷。为消除这些缺陷，必须延伸短纤维的长度使之与长纤维等长。这就引起大部分带材须经受一次塑性变形。图 3-26 为张力/延伸典型曲线，指出 OA 弹性区张力与延伸关系，后面的 AB 塑性区是进行矫直的地方。

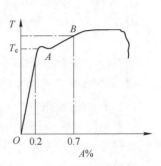

图 3-26　张力/延伸典型曲线

有几种方法可得到 B 点，但是都需要产生一次延伸。对于低弹性极限的材料常用"直接延伸法"。另一种"复合延伸法"是由几个辊子产生一个力套来拉伸带材。

图 3-27 是一套矫直过程的实例。带材以恒速进入，出口处带材延伸量愈大，出口线速度愈增加。增加张力 T 或在 E 处增加输出速度使大于 A 处的进入速度获得拉伸矫直作用。

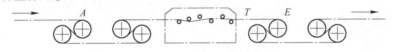

图 3-27　矫直过程实例

从图 3-26 的 AB 塑形区可以看出，张力变化比延伸小。只在某个区段内张力不变，或者减少，但仍继续产生延伸。在 OA 弹性区中，张力变化幅度比延伸要大很多，而且成正比增加。因此，可得出如下结论：在 OA 弹性区中，张力与延伸两者均可控制（优先控制张力）；在 AB 塑性区须控制延伸度（出口速度），不然带材就会滑到破裂区。

差速张力平整机是根据变更各圆柱辊子的相对速度的可能性去控制延伸度，并根据需要同时控制设计的。图 3-28 为一整套的四辊式张紧辊，在 E 处的进口张力等于在 F 处的出口张力。

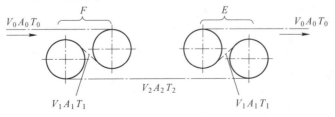

图 3-28　四辊式张紧辊

图 3-28 所有辊子的辊径均取相等，在 F 区段处张力将有一个增量（T_0、T_1 与 T_2），称为"拖曳张紧"。区段 E 称为"驱动张紧辊"。

因此驱动的张紧辊平均速度与拖曳张紧辊平均速度之间有一个受控制的速度差。

所以传动辊子必须解决两个问题：

（1）两组辊子间的速度必须产生速度差。

（2）每对辊子扭矩相同，速度相同，不发生打滑。

过去解决第一个问题是在拖曳张紧区段中加一个电动或液动的球状制动扭矩，除特殊需要外，这是个不精确的方法，已接近淘汰。

解决第二个问题是使不同辊径的辊子角速度相同。这个方法以前用过，但有其严重不利之处，一组递增直径的辊子只适用于一级规定的递增伸长量。当使用的辊径一不合适，延伸量有变化，就形成打滑，如一个辊子损坏，所有辊子必须再加工才能正常工作。因此需要复杂的电子系统，精确控制速度的方法，使辊子速度的差异精度有可能控制在 0.05%、0.01%。

这里解决第一个问题的方法如图 3-29 所示，开动主电机 1，通过圆锥齿轮 4 使两组辊子等速运转，并且少量旋转电动机 2，通过差速器 3 以放慢进口辊子速度，这就在入口及出口张力辊间造成速度差，结果在张力辊间产生均匀的张力和准确的控制伸长。

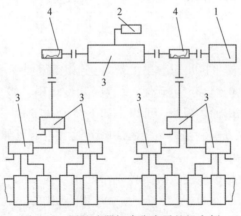

图 3-29　用差速器解决张力平整机实例

解决第二个问题，用一个差速器控制一对辊子，由辊子数目决定差速器数目，用图 3-23 的自动控制扭矩原理，使辊子自动地保持对扭矩敏感的调节速度，使每对辊子速度相同，消除辊子互相打滑，使平整及消除应力更均匀。

和过去通用的方法对比，这种系统更紧凑，投资及操作费用低，过去的方法需要复杂昂贵的电气控制设备，辊子直径精度非常高，而这种差速张力平整机的电动机功率只等于老式的功率的30%。差速器对扭矩敏感性，能消除瞬时加速度和张力辊打滑，因而平整质量高及消除内应力更为均匀。

3.4.5　在钢管张力减径机上应用

钢管在减径机内，在大张力状态下，连轧16~20道，减径量可达80%。出口管速5m/s，调速范围±30%。

传动方式如图3-30所示，一台交流电动机传动所有机架辊子，每个机架装一个差速器，差速器后面装有变量轴向泵，油泵有油路连接油马达，油马达机械连接到差速器上，油马达通过差速器使每个机架辊子速度能调节±30%。

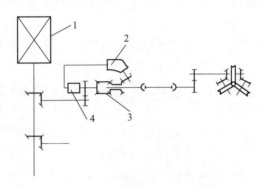

图 3-30　在钢管张力减径机上应用
1—交流电动机；2—油马达；3—差速器；4—变量轴向泵

3.4.6　在连轧机上应用

3.4.6.1　历史上不调速连轧的启发

在轧钢生产领域中，连轧机产量高，产品质量好，劳动生产率高。用连轧机生产，原料、材料、动力消耗都低的一种先进生产设备。

为了用连轧机生产，开始用不调速集中传动连轧机，即几个机架安装得比较接近，用一台交流电动机，通过长轴和圆锥齿轮集体传动，同时带动几个机架轧辊，如图3-31所示，这是我国某厂早先一台24in/18in（1in = 25.4mm）的连轧机，它分两组，每组六个机架。每组各由一台4000kW交流异步电动机，通过减速机、长轴和圆锥齿轮集体传动，同时带动六个机架轧辊。由初轧提供195mm×195mm和205mm×205mm钢坯做原料，向中小型和薄板厂提供120mm×120mm、115mm×115mm、90mm×90mm、70mm×70mm、（8~15）mm×250mm、177mm×217mm等板坯为其产品，如图3-31所示。

这套连轧各机架间距离为3m，因此一组连轧六个机架共长十几米，工艺设备只有2000t，是类似单独传动直流调速连轧的30%。由于该厂工人经验丰富，

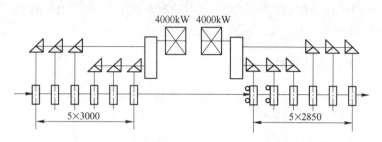

图 3-31 不调速连轧机

操作熟练，生产情况是比较好，它已经生产了 30 多年，共轧制了几千万吨钢坯，为我国钢铁工业做出贡献。

由于各机架均不能单独调速，所以只能用换轧辊直径或调整压下量来适应辊径磨损或变品种需要。在生产时要准备大量备品轧辊，轧辊消耗多，成本增加。增加换辊次数，轧制速度不能高，产量不能高，品种不能多，它不适应更广泛发展连轧机的要求。

由于现代化大生产的需要，直流连轧机是解决上述不调速连轧所有缺点，连轧速度可以不断提高，品种不断扩大，使连轧机在轧钢生产领域中得到突飞猛进地发展。直流连轧机是直流电动机单独传动，通过减速机、人字齿轮机，每台电动机带动一台轧机，如图 3-32 所示。

但是这样的直流连轧机，需要大功率直流动机及其可控硅供电设备，设备较复杂，技术要求高昂贵设备。花这么多钱，它的连轧技术水平比差动调速连轧机技术，天差地别，如图 3-32 所示。

差动调速连轧是用一台交流主电动机驱动差速器一个输入轴，另外一个小直流电动机驱动差速器是另一个输入轴，如图 3-33 所示。

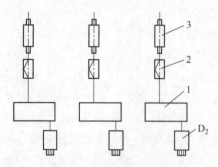

图 3-32 直流连轧机

D_2—直流电动机；1——减速机；

2—人字齿轮机；3—轧辊

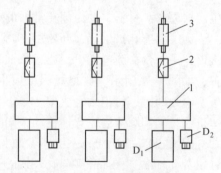

图 3-33 差动调速连轧机

D_1—交流电动机；D_2—直流电动机；

1—行星齿轮差速器；2—人字齿轮机；3—轧辊

3.4.6.2 差动调速连轧机优点

A 调速精度高

(1) 差动调速连轧机的直流副电动机调速精度很高，可达千分之几。

(2) 直流电机连轧调速精度一般为 1%~2%。

B 动态速降小

(1) 差动调速连轧，受冲击负荷（轧辊咬钢）动态速降小，不到 0.5%~1%，且恢复快。不到 0.5s。

(2) 直流电机连轧受冲击负荷（轧辊咬钢）动态速降 3%~5%，恢复时间 0.5~1s。

C 可无级升速及降速及提供全部电机扭矩

(1) 差动调速连轧，可无级升速及降速，升速及降速时能提供全部电机扭矩。

(2) 直流电机连轧，用可控硅供电，如设正、反两组可控硅供电装置则升降性能，可在全部调速范围内地无级平滑升速及降速，不受限制。如只设一组正向可控硅供电装置则电动机只有升速的单方向扭矩无制动扭矩。

D 调速快

(1) 差动调速连轧，仅小惯量的直流副电动机参与调速，调速快速性好。

(2) 直流电机连轧，直流主电动机全部惯量都参与调速；当然比差动调速连轧，仅小惯量的直流副电动机参与调速慢。

E 低速和超低速运行方便

(1) 差动调速连轧，单独开动直流副电动机可使轧机系统，正反向低速或超低速旋转。开停车很方便。因为直流副电动机转动惯量小，停车准确，使轧机的检修和调整相当方便。

(2) 直流电机连轧，不论转速高低，都必须开动大功率直流主电动机，开车停车均不方便；可控硅需运行于深控才能低速运转；因主直流电动机转动惯量大，不易停准。

F 差动调速连轧调试时间短

(1) 差动调速连轧电动系统工作稳定可靠，不易出故障，不易失调；维护工作的技术难度不高，故障较直观，比较好找，好解决。差动调速连轧调整，差速器设备，已经全面过关，无论外齿差速器或内齿差速器，经过差动调速连轧厂家多年生产使用证明，差速器寿命十年以上。

差动调速连轧调整，为较易调整。差动调速连轧调整周期短，一般调整周期仅几天。在湖北新建一生产角钢的差动调速连轧车间，作者去参加调试加试轧，不到一星期时间，调试加试轧顺利全完成。连续不断轧出合格新产品。在天津某厂新建生产棒材的差动调速连轧，厂方用几天时间调试完毕，作者去参加试轧，等我到厂试轧第一根钢后，厂方在连轧最后一架轧机调一点，开始轧第二根钢，操作人员看一看轧件说很好，试轧完毕。我看一下表，试轧仅用 10min。作者在山西某厂设计高速无扭轧机前多架差动调速连轧机，投产前一星期完成调试，投入生产后，生产很顺利。这里对比一下，同一个厂家，领导水平一样，技术水平一样。也就是该厂，随后又新建生产螺纹钢棒材车间，采用直流连轧机，投产前调试半年未轧出一条成品钢材，一年以后生产了，事故多，达到设计产量很难。这真是"不怕不识货，就怕货比货"，当然其他厂直流连轧机生产棒材没有该厂这么难，不过也要调试几个月。

(2) 直流电机连轧调试时间长，因为调整比较复杂，一般需要几个月；电控装置的质量和可靠性对主传动的运行和作业率影响很大；维护工作技术要求严，难度较大，检查故障比较困难，要精心维护。对环境条件的要求很严，否则将增加电控装置的故障率。

G 差动调速连轧能耗低

(1) 差动调速连轧，用 3~10kV 的配电电压可直接送到交流主电动机端子，可显著减少线路损耗；主要轧钢能耗（80%~100%）均不必经过变流装置，由电网经交流主电动机直接送到轧机。

(2) 直流电机连轧能耗高，配电高压只能全部送到整流变压器，直流电动机工作电压仅几百伏，主电流大，直流母线损耗大。大功率可控硅装置深控运行时，功率因数低，谐波分量需处理（增设滤波装置）；直流电机连轧的直流主电动机及主电室均需设通风、冷却、除尘的空调装置，增加不少经常性电耗。

H 采用差动调速连轧技术改造旧轧钢厂或新建轧钢厂时差动调速连轧机组均可节省投资一半

(1) 差动调速连轧改造旧轧钢厂或新建轧钢厂差动调速连轧机组均可节省投资一半。如改造旧轧钢厂可利用原来交流主电动机；主电室需要的面积不大，一层厂房即可，土建改建及新建工程量较小。

(2) 直流电机连轧无论用于改造或新建轧钢厂投资都是太多了。即使用于改造旧轧钢厂原有交流主电动机也不能应用。要建较大的主电室（二层或三层）放置大功率可控硅装置及其附属设施；要有完善的通风、除尘和冷却系统；新建或改造轧钢厂土建工程量均大得多，周期长，见效慢，投资太多。

I 差动调速连轧总结

调速差动连轧技术，是冶金工业部科研项目，得到冶金工业部支持推广。在20世纪80~90年代初，就改造和新建了几十套差动调速连轧机投产。连轧机的调速精度高、速降小，对于连轧多么重要。在线随机调速时，只调一点点，就可以使差动调速连轧的调速精度达到千分之几。连轧机几秒就咬钢一次（受冲击负荷）差动调速连轧机，动态速降小，不到 0.5%~1%，且恢复快，不到 0.5s，这样生产稳定，产品质量高。很多厂家对差动调速连轧机"爱不释手"，天津某厂是较大的钢厂，有炼钢厂、几个大型轧钢厂，最后投产差动调速连轧棒材厂，厂家非常满意。该厂炼钢厂、几个大型轧钢厂均停产，只有差动调速连轧机，产品质量高，效益特别好，在其他炼钢轧钢厂停产后，又继续生产几年。

　　差动调速连轧机投资少，连轧技术全面先进，在轧钢领域有新的技术突破。在1988年，"交直流双机驱动中小型无套连轧技术"获得国家发明奖。现在我国年产已有10亿吨钢，没用技术落后轧钢厂，没有旧轧钢厂改造任务。新建棒材、中小角钢、窄带材可以考虑采用差动调速连轧机。出口中小连轧厂，也可以考虑这种先进、成熟、省投资的差动调速连轧技术。

3.4.6.3　差动调速连轧用的差速器

　　如图3-34和图3-35所示，两个差速器示意图均可用于差动调速连轧机，具体根据对差速器速比要求来选择。当要求差速器速比$i=1.8\sim3$时，即选用外齿差速器，推荐速比$i_{AB}\approx2$；当要求差速器速比$i=3.5\sim5.5$时，即选用内齿差速器，推荐速比$i_{AB}\approx4$。

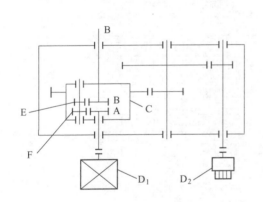

图 3-34　外齿差速器
D_1—交流电动机；D_2—直流电动机

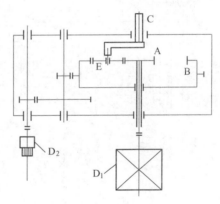

图 3-35　内齿差速器
D_1—交流电动机；D_2—直流电动机

3.4.6.4　差动调速连轧机设计实例

　　某小型轧钢车间，原来为横列式轧机$\phi300mm\times2/\phi250mm\times4/\phi300mm$，如图3-36所示，主要产品为$(4\sim14)mm\times(25\sim60)mm$扁钢及$3\sim5$号等边角钢，钢种以普碳为主，其次碳工、碳结、合结、合工等。该车间生产的品种那时仍属短线产品，供不应求。

　　由于厂房窄小，横列式工艺落后，工人劳动强度大，中间废品多，效率低。厂方决定改造成差动调速交流连轧（图3-37），利用原有机架再补充几架轧机，利用现有主电机及库存主电机，主要增加六台差速器、三台分速箱、六台小直流

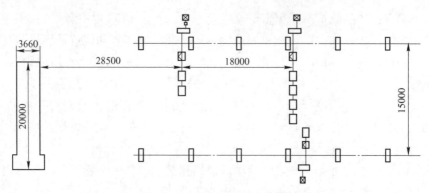

图 3-36　改造前横列式轧机

调速电动机及其供电设备，这样只用少量投资改造的差动调速连轧可以使产量成倍增长。

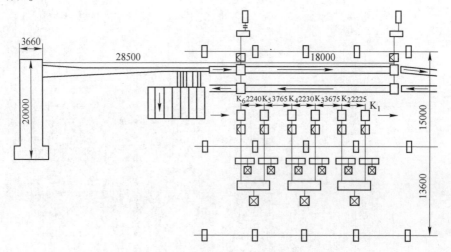

图 3-37　改造后差动调速连轧机

六架差动调速连轧基本参数见表 3-16。差动调速连轧机组如图 3-38 所示。

表 3-16　六架差动调速连轧基本参数

性　能		架　　次						备注
		N_1	N_2	N_3	N_4	N_5	N_6	
轧钢机之轧辊	直径/mm	$\phi260$	$\phi260$	$\phi260$	$\phi260$	$\phi260$	$\phi300$	
	基本转速/r·min⁻¹	128.5	165.3	187.3	258.6	287.9	337.4	
	基本线速度/m·s⁻¹	1.75	2.25	2.55	3.52	3.92	5.3	
	调速线速度/m·s⁻¹	1.16~2.34	1.66~2.84	1.92~3.11	2.92~4.1	3.37~4.56	4.28~6.35	

性　　能			架　　　次						备注
			N_1	N_2	N_3	N_4	N_5	N_6	
差速减速机	速比	i_{AB}	2.04	2.04	2.04	2.04	2.04	2.04	
		i_{2B}	23	23	23	23	23	15.2	
分速箱	速比		$i_1 = 2.253$	$i_2 = 1.75$	$i_3 = 1.95$	$i_4 = 1.4$	$i_5 = \dfrac{1}{2.05}$	$i_6 = \dfrac{1}{2.38}$	两机架共用一台
D_2直流电动机	功率/kW		60	60	60	60	60	100	
	转速/r·min^{-1}		1000	1000	1000	1000	1000	1000	
D_1交流电动机	功率/kW		460		625		860		
	转速/m·min^{-1}		591		737		290		
	每机架计算功率/kW		170	220	250	340	366	494	

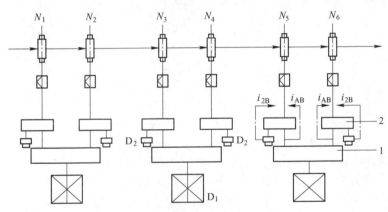

图 3-38　差动调速连轧机组示意图

D_1—交流电动机；D_2—直流电动机；

1—分速箱；2—差速减速机

3.4.7　在顶吹氧转炉倾动装置上应用

某厂 50t 转炉倾动装置上采用交流差动调速（图 3-39），D_1 为 125kW 大交流电动机，D_2 为 16kW 小交流电动机，通过差速器（图 3-9 和图 3-10）得出炉体倾动 4 种速度：

（1）单开电动机 D_1，闸住 D_2，则得出第一种速度为 0.7r/min。

（2）单开电动机 D_2，闸住 D_1，则得出第二种速度为 0.1r/min。

（3）电动机 D_1 与 D_2 同时开动，而且方向相同，为第一种速度和第三种速度相加，即 0.7+0.1 = 0.8r/min。

（4）电动机 D_1 与 D_2 同时开动，而且方向相反，为第一种速度和第四种速度相减，即 0.7-0.1 = 0.6r/min。

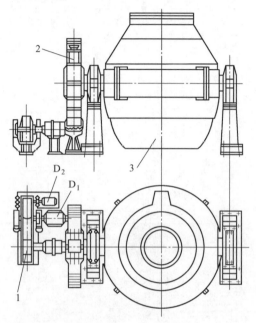

图 3-39 50t 转炉总装图

D_1—直流电动机（125kW）；D_2—交流电动机（16kW）；

1—差速减速机；2—悬挂齿轮；3—转炉

上述四档调速能很好地满足转炉炼钢生产工艺要求。实践证明，这种差动传动系统非常可靠，比采用直流电动机传动再加上其供电设备的传动方案可节省投资。当时在中国 50t 转炉是最大的，不仅设计质量好，在技术上也要最先进。转炉转动速度有两种：第一种炼钢时，转炉旋转操作要求比较快，第二种是钢已炼成了出钢时，从转炉往外倒钢水时转炉旋转操作要求很慢。为满足不同速度要求，过去只能用直流电动机调速，不仅投资大量增加。而直流调速范围太广泛，因为出钢时转炉旋转要求很慢，如果快出钢可能出事故。直流调速时，转炉人员操作时要特别注意。

上述四档速度，能很好地满足转炉炼钢生产工艺要求。实践证明，这种运转 50 年差动调速传动系统非常可靠，操作简单安全。比采用直流电动机传动再加上其供电设备的传动方案更节省投资。

3.4.8 顶吹氧转炉吹氧管升降装置上应用

某厂 50t 转炉吹氧管升降装置上采用差动调速，调速交流电动机 D_1 为 14kW，

当 D_1 开动时吹氧管调速升降 20m/min，低速交流电动机 D_2 为 8kW，当 D_2 开动时吹氧管低速升降 5m/min。操作可将吹氧管高速从炉中提出，或将吹氧管高速进入转炉内一定位置后，再改用慢速前进到工作位置（吹氧管升降装置上应用差速器机构如图 3-19 所示）。

3.4.9 在电渣炼钢炉传动上应用

一般合金钢厂有电渣炉。电渣炉的电极升降及结晶器升降均需有速比大的快慢两种速度，它是采用差动调速获得的，快速 2.38m/min，慢速 0.026m/min（图 3-40）。

3.4.10 铸铁机翻罐卷扬机上应用

80t/30t 铸铁机翻罐卷扬机传动上采用交流差动调速。如图 3-41 所示，慢速电动机 D_2 为 11kW，经过一对斜齿轮（$i=5.25$）搁在右侧蜗杆 1 上，经蜗轮 2，正齿轮 3 和 4（$i=3$），带动圆锥太阳轮 5，4 与 5 是一个整体，可以绕轴 7 旋转。5 旋转时带动小圆锥行星轮 6 旋转。6 装在行星架上能带动轴 7 一起旋转，6 不仅能公转也能在行星架上自转，所以是圆锥齿轮差速器。快速电动机 D_1 为 22kW，直接连接在左侧蜗杆上，原理与右侧相同。最后得出升罐速度 0.19m/min，降罐速度 2.5m/min。

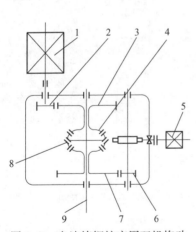

图 3-40 电渣炼钢炉应用双机拖动

1—快速电动机 5kW；2—齿数 $Z=34$；

3—齿数 $Z=65$；4—太阳轮齿数 $Z=52$；

5—慢速电动机 3.5kW；6—齿数 $Z=18$；

7—齿数 $Z=83$；8—齿数 $Z=26$；

9—输出轴经过大丝杠带动升降臂

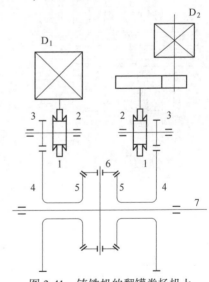

图 3-41 铸铁机的翻罐卷扬机上应用差动调速

3.4.11 在管坯火焰切割机上应用

管坯火焰切割机的火焰移动装置，用差动调速。在火焰枪进行切割时，开动慢速电动机，切割速度 $v=0.1\sim0.6\text{m/min}$。切割完退枪时，开动快速电动机，非切割速度 $v=7.2\text{m/min}$。

切割用电动机 $N=0.25\text{kW}$，$n=1440\text{r/min}$，非切割用电动机 $N=0.7\text{kW}$，$n=2870\text{r/min}$。

3.4.12 在车床改造上应用

为了不改变 C620 车床的结构和性能，并能满足旋风切削和大螺距螺纹或斜油沟的车削等多种工艺要求，使用具有外齿差速器皮带轮，如图 3-42 所示。

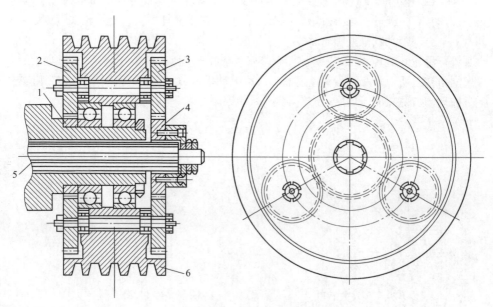

图 3-42　差速器皮带轮

1—固定太阳轮 A（$Z=30$）；2—行星轮 E（$Z=20$）；

3—行星轮 F（$Z=19$）；4—太阳轮 B（$Z=31$）；5—车床主轴；6—外壳 C

使用时只需将原来车床上的皮带轮拆下，换上差速器皮带轮，就可以根据工艺要求选定适宜的转速。由于差速器皮带轮的外径与原来的皮带轮相同，所以电动机与皮带轮的安装中心距没有改变。车床电动机启动后，带动差速器外壳 C 旋转，它带动行星轮 E、F 并将运动传给太阳轮 B，并靠花键与车床主轴，于是车床主轴便开始旋转。工艺要求不同时，可将齿轮 A、E、F、B 的齿数改变，即可实现不同速比。

根据表 3-3 相应的公式：

$$i_{AB} = \frac{Z_B Z_E}{Z_A Z_F} = \frac{31 \times 20}{30 \times 19} = 1.09$$

$$i_{CB} = \frac{i_{AB}}{i_{AB} - 1} = \frac{1.09}{1.09 - 1} = 12.4$$

3.4.13　专用镗床的进给机构上应用

镗削大孔、深孔时，采用专用镗床可以提高生产率，又可以减轻通用设备的负担，因此很多机械加工车间采用了专用镗床。

图 3-43 为加工 400t 曲柄压力机平衡缸内孔的专用镗床的传动示意图。主电机 D_1 通过一级三角皮带及减速机 Q 减速，齿轮 7 带动固定在镗杆 C 上的齿轮 8。在镗杆 C 上固定着另一齿轮 1，它驱动双联齿轮 2、3，并通过齿轮 4 加进去太阳轮 A，它又带动了行星 E。与 E 相固连的丝杠 P 使镗刀 5 做轴向进给运动。当需要快速退刀时，先将齿轮副 1、2 及 3、4 的啮合脱开，开动快速退刀电动机 D_2，再通过皮带及齿轮副 A、E，直接带动丝杠实现快速退刀。

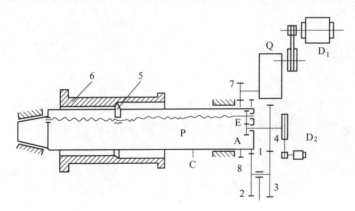

图 3-43　专用镗床

D_1—主电机；D_2—快速退刀电动机；Q—减速机；P—进给丝杠；C—镗杆（相当差速器外壳）

1~4，7，8—齿轮；5—镗刀；6—工件

（各级齿轮：$Z_1 = 66$；$Z_2 = 60$；$Z_3 = 57$ (58)；$Z_4 = 66$；$Z_A = 18$；$Z_E = 18$）

可以看出，在轴向进给系统中，由齿轮 1、2、3、4、A、E 组成了一套封闭的差动齿轮机构。为了实现镗刀的轴向进给，就应使丝杠和镗杆之间具有相对转动，现将该机构简化为图 3-44 那样。

为了得到适合工艺要求的进给量 S，可以适当选配各轮齿数。为了能够实现粗镗，精镗时的不同进给量 S，可以同时将两套有不同齿数的双联齿轮 2、3 分别装在扇形支架上并布置在齿轮 1、4 的两侧。根据粗精镗的需要，可通过扇形支

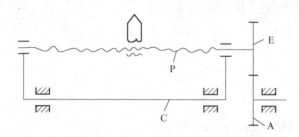

图 3-44 镗刀轴向进给示意图

架的摆动，使其一侧齿轮副相互啮合，另一侧脱开，再将支架固定。如在丝杠的对侧装一根光杠（也由行星齿轮带动），其端部用一对圆锥齿轮带动镗杆上的径向丝杠，还可以实现自动径向进给，以加工工件的端面。还可在镗刀刀架上装上珩磨轮进行珩磨。

这种型式的镗床装卸工件时，需将镗杆左端的滑动轴承拉开（此时镗杆可用千斤顶顶住），比较麻烦。为此，有的工厂将它做成立式的，装卸工件时，先把上端可以转动的轴承座转开，此时镗杆仍立在原处不动，然后将工件从镗杆上端插入或拿出，这样就比较方便了。

3.4.14 组合机床的回转铣头上应用

加工发动机主轴承盖时可采用多工位组合机床。它有几个加工工位和一个装卸工位，工作台旋转可依次完成主轴承盖的镗、钻、铣、割槽等工序。

在上述铣削工序中可采用具有差动齿轮机构的回转铣头，以加工主轴承盖两侧的两个接合面。

由于这个接合面加工余量大、精度要求高，一次铣削达不到工艺要求。为了减少设备台数并能达到工艺要求和提高劳动生产率，可采用具有差动齿轮机构的回转铣头。

图 3-45 就是这种铣头的传动示意图。从传动示意图可以看出，具有两个自由度的外齿差动机构，行星轮 E 及 E′ 的转速就是铣刀 m 和 n 的转速，它的快慢要同时受太阳轮 A 和外壳 C 转速的影响。而外壳 C 的转速就决定了铣削的进给速度。

若使行星轮的转速 n_E 及 $n_{E'}$ 具有确定值，就必须使太阳轮 A 的转速 n_A 及外壳的转速 n_C 具有确定值。本铣头就是电动机，经过一级皮带和一级圆柱齿轮副 1、2，减速后带动太阳轮 A；与此同时，又经过圆柱齿轮副 3、4，圆锥齿轮 5、6 带动了圆柱齿轮副 7、8，蜗轮蜗杆副 9、10 的蜗轮直接带动外壳 C。从电动机到 C 由于经过六级减速，故 n_C 很慢，以适应铣削时进给速度的要求。

由于粗铣和精铣的铣削速度不同，机构中分别采用了两个太阳轮（A 及 A′）

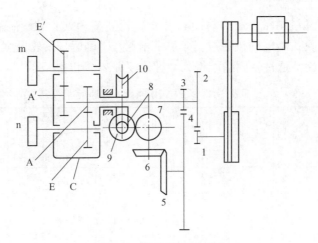

图 3-45　铣头传动示意图

和两个行星轮（E 及 E′），并配有不同齿数，以得到不同的转速 n_E 及 $n_{E'}$。其中转速快的作为精铣用，慢的作为粗铣用。经过计算，行星轮 E′的轴上装精铣刀，在行星轮 E 的轴上装粗铣刀。又由于两个行星轮由同一外壳驱动，所以它们的进给速度是相同的。

3.4.15　在铁路车辆卸车机上应用

卸车机为卸各种散状料用。由于物料不同，又有工作与非工作各种情况，要求运行机构速度变化很大，故采用差动调速。卸车机两个门型腿各用两台电动机带动一台差速器（图 3-46）。两台均为交流电动机，一台串接电阻调速，另一台电动机本身不调速。

电动机	D_1电动机	D_2电动机
型号	JZR$_2$-31-6	JZR$_2$-31-6
功率	11kW	11kW
转速	953r/min	817r/min、851r/min、885r/min、953r/min

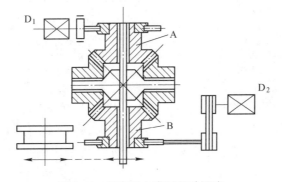

图 3-46　卸车机上应用差动调速

D_1电动机通过闸轮，带动蜗杆蜗轮及太阳轮 A，通过行星架输出轴上链轮，带动车轮上链轮；D_2电动机通过三角皮带增速，带动蜗杆蜗轮及太阳轮 B，通过行星架输出扭矩。通过不同搭配得到 6 种速度（表 3-17）。

表 3-17　不同塔配得到 6 种速度

速度级别		运行方向 前进　后退 ←　　→	D_1电动机转速 /r·min⁻¹	D_2电动机转速 /r·min⁻¹	大车运行速度 /m·min⁻¹
慢速	第一档	←——→	953	±817	±1.004
	第二档	←——→	953	±851	±1.504
	第三档	←——→	953	±885	±2.005
	第四档	←——→	953	±953	±3.007
中速：第五档		←——→	0	±953	±14.033
快速：第六档		←——→	∓953	±953	±25.060

3.4.16　在吊车卷扬上应用

图 3-47 为 225t 铸造吊车，卷扬上电动机 D_1 的转速 $n_1 = +588\text{r/min}$，功率 $N_1 = 125\text{kW}$，电动机 D_2 的转速 $n_2 = +588\text{r/min}$，功率 $N_2 = 125\text{kW}$。$Z_A = 15$，$Z_B = 87$，$Z_3 = 110$，$Z_5 = 19$。

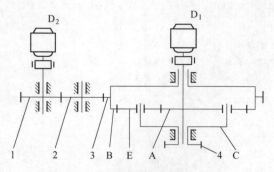

图 3-47　吊车卷扬机就用差动调速

由图可知这是内齿差速减速机。当电动机 D_1、D_2 同时工作时，D_2 通过定轴齿轮 1、2、3 驱动内齿圈 B，D_1 直接驱动太阳轮 A，这时行星架 C 输出扭矩，并通过齿轮 4 和另一套定轴齿轮机构（图中未示出带动铁水包上升或下降）。

根据表 3-3 相应公式：

$$i_{AB} = 1 + \frac{Z_B}{Z_A} = 1 + \frac{87}{15} = 6.8$$

$$i_{BC} = 1 + \frac{Z_A}{Z_B} = 1 + \frac{15}{87} = 1.172$$

如果 D_1 发生故障，只开动 D_2，则：

$$n_C = \frac{n_2}{i_{BC}} \times \frac{Z_5}{Z_3} = \frac{588}{1.172} \times \frac{19}{110} = 86.6 \text{r/min}$$

当 D_2 发生故障，只开动 D_1，则：

$$n_C = \frac{n_1}{i_{AC}} = \frac{588}{6.8} = 86.4 \text{r/min}$$

当一台发生故障，只有一台电动机工作时，输入功率减少一半，而输出扭矩不变，行星架转速降低一半。

当两台电动机同时工作并旋转方向相同时，$n_C = 86.6 + 86.4 = 173 \text{r/min}$。

3.4.17　在手动起重机葫芦上应用

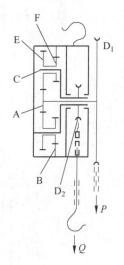

图 3-48 是一种轻便起重葫芦传动示意图。已知手动链轮 D_1 的直径 $d_1 = 250 \text{mm}$，起重吊钩轮 D_2 直径 $d_2 = 80 \text{mm}$，各齿轮齿数分别为 $Z_A = 14$，$Z_E = 38$，$Z_F = 18$，$Z_B = 70$，$i_{AB} = 11.56$。如果手动链条以 $p = 20 \text{kg}$ 拉力，起重葫芦的总效率 $\eta = 90\%$，求起重葫芦的吊钩能提升的重量 Q 为多少？

从图中可以看出，起重葫芦是由链轮和内齿差速器组成。当手动链轮 D_1 转动时，便带动了太阳轮 A 并由它带动行星轮 E 和 F（双联齿轮），行星轮 F 便在固定的内齿轮 B 内做行星运动，从而再失去行星架转运。和行星架 C 固连的起重链轮 D_2，以较低的速度转动驱动链条拉起重物。

图 3-48　手动起重机上
应用差速器

$$P \frac{d_1}{2} i_{AC} \eta = Q \frac{d_2}{2}$$

$$Q = P \frac{d_1}{d_2} i_{AC} \eta = 20 \times \frac{250}{80} \times 11.56 \times 90\% \approx 650 \text{kg}$$

3.4.18　在经编机上做机械反馈用

在经编机工作时，为了满足不同原料，编结各种密度坯布的需要，能随盘头直径的变化，自动调整送经轴回转速度，保持送经恒定。用圆锥齿轮差速器做机械反馈用。如图 3-49 所示，由 4 个齿数相等的圆锥齿轮组成。如齿轮 A 和 B 方

向相反、速度相等回转时，齿轮 E 和 F
只在自己轴上回转，与轴连接的行星架
C 静止不动。当盘头卷直径变化时，不
能保持送经恒定，则齿轮 A 和 B 速度发
生差异，则齿轮 E 和 F 不仅在自己的轴
上回转，并与轴一起绕齿轮 A、B 的轴
线公转，带动行星架 C 回转，通过 C 上
的链轮就可以传动调节变速器机构，改
变变速器速比，保持送经恒定。

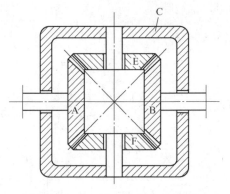

图 3-49 在经编机上应用差动调速

3.4.19 在经编机上传动变速用

送经机构传动，由图 3-50 可知，主轴通过一对齿轮和一对皮带轮，传动铁
炮式送经无级变速器，又通过 w、y、c、d、e、f、g、h 使 X 轴转动，当正常送
经时（不启动差速机构），由于多头螺母 4 的作用，轴套 5 和活动摩擦锥轮 2 均
向箭头反方向运动，在弹簧 6 的作用下，太阳轮 Z_A 的内套与固定摩擦锥轮 1 接
触，此时太阳轮 Z_A 的速度等于零。行星轮系在 X 轴上绕 Z_A 转动，通过行星轮系
Z_E、Z_F、太阳轮 Z_B，传动一对圆锥齿轮，又通过蜗杆蜗轮传动送经轴。

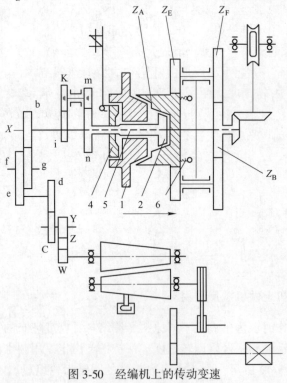

图 3-50 经编机上的传动变速

为了适应线圈长度变化较大的情况，可启用差速机构。在编花轮上装有特殊的塑料链块，作用于微动开关的接触点，使电磁离合器发生作用，此时离合器通过杠杆作用于多头螺母4，使轴套5和其轴上的活动摩擦锥轮2均向箭头方向移动，活动摩擦锥轮2与太阳轮 Z_A 的内套接触，以压缩 Z_A 外的弹簧6，活动摩擦锥轮2带动太阳轮 Z_A 转动，它们的传动速度由 i、k、m、n 的齿轮传动比而定。

采用差速减速机构可使正常送经量从减速80%起直到零。恢复正常送经时，电磁离合器失去作用，由于杠杆作用，多头螺母4恢复原位，带动轴套5和其轴上的活动摩擦锥轮2均向箭头反方向移动，活动摩擦锥轮2脱开太阳轮 Z_A 的内套，太阳轮与固定摩擦锥轮1接触，太阳轮 Z_A 速度等于零。

在经编机工作时，盘头卷直径逐渐减少，每根经纱张力增加 0.25g 时，通过张力调整装置，发生脉冲作用，调节铁炮式无级变速器钢环位置，增加无级变速器速比，直至经纱张力恢复正常。

3.4.20 在卷染机上应用

染缸适宜于小批量、多品种的染色，灵活性较大；缺点是操作时劳动强度高，生产不安全，张力也较大，对一些张力要求小的品种就不能适应。对需要高温沸染的染料必须加罩，而加罩后由于看不清楚卷染时织物的运转情况，无法操作。为解决上述问题，某厂把卷染机革新成为差速自动卷染机（图3-51）。

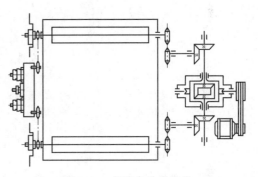

图 3-51 差速自动卷染机

差速自动卷染机用交流电动机带动皮带轮，再带动圆锥齿轮差速器，再由差速器传动染缸的两根交卷辊。这样可使织物在卷染时等速运转，张力较小，在交卷辊的另一端，装一弹性刹车盘，可控制张力，使布在一定张力下运行。在弹性刹车盘旁再装一链轮，传动一台自动控制箱。

染缸实现自动化后，可保证涤/腈中长化纤混纺物染色在较轻松的条件下生产。劳动强度低，同时可增加看台数。生产运行中，布的张力较一般染缸的小，可提高产品质量，而设备结构简单，投资费用低，调节方便，可靠，保证安全生产。

3.4.21 在印花机上应用

长期以来，印花机的对花一直是手工操作，操作不方便，对花效率低，劳动强度高。近年来各地区对印花机进行了改造，实现了电动差速对花机械化。

纵向电动、手调两用对花传动系统如图 3-52 所示，其对花行星减速机械、差速机构的结构剖视图如图 3-53 所示。

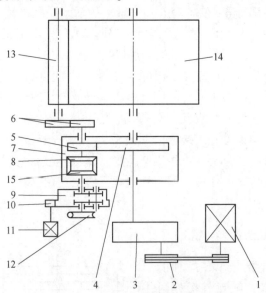

图 3-52 手调两用对花传动系统

1—28kW 电磁调速异步电动机；2—三角皮带轮；3—减速机（$i=7.25$）；4—大齿轮；5—小齿轮；
6—圆柱齿轮；7—变位盘；8—圆锥齿轮差速器；9—外齿差速器（$i=6.25$）；10—圆柱齿轮；
11—0.25kW 对花电动机；12—手动对花蜗轮；13—花筒；14—大承压橡胶辊筒；15—圆锥齿轮

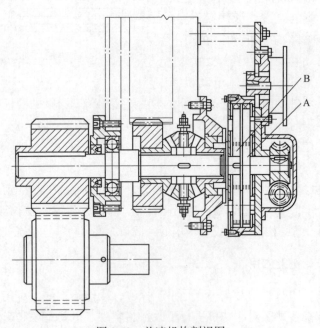

图 3-53 差速机构剖视图

　　对花是用电钮来控制电动机 11 的反正转（当机台正常运转时，电动机 11 停止，不做任何转动）。由电动机上的圆柱齿轮 10 带动外齿差速器 9 外壳转动。外齿差速器太阳轮 A 受蜗杆系统自锁而不转动，由于外壳的转动使太阳轮 B 转动，太阳轮 B 与圆锥齿轮差速器的太阳轮 A 连在一起，则电动机的正反转带动圆锥齿轮 15 正转或反转，由差速器使花筒单独加速或减速，从而使花筒复位，达到对花要求。

　　当手动对花时，用手转动蜗杆，通过蜗轮带动外齿差速器太阳轮 A 及使太阳轮 B 转动，再通过圆锥差速器达到对花目的。这样对花准确，提高了对花效率和印花质量，减轻了劳动强度，提高了产量。

4 飞剪机操作说明

4.1 回转式飞剪机操作说明

现代轧钢生产线上，采用连轧机组，轧制速度不断提高，成品轧件速度不断增长，回转式飞剪机可适用高速度成品轧件剪切，回转式飞剪机可适用于相对小断面轧件剪切。本倍尺飞剪机是高精设备，应按规定组合程序操作、维护。本书第 2 章计算实例是在组合式飞剪机中，计算了回转式飞剪机（图 4-1）左边回转式飞剪机。下面结合第 2 章计算实例的数据说明，回转式飞剪机操作。

4.1.1 回转式飞剪机有关数据

组合式飞剪机示意图如图 4-1 所示。本章只讲图 4-1 左边回转式飞剪机操作说明。

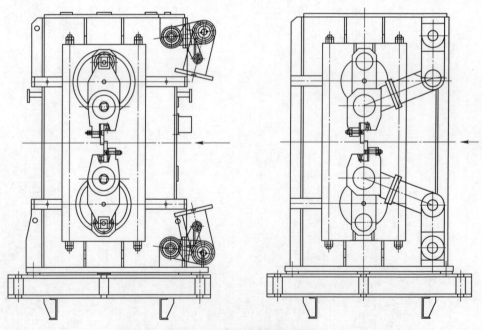

图 4-1 组合式飞剪机示意图

回转式飞剪机剪切参数和与操作有关飞剪机的计算结果见表4-1和表4-2。

表4-1 回转式飞剪机剪切参数

序号	项　目	主要技术指标
1	工作形式	组合式（曲柄连杆及回转式）
2	工作制度	电动机起停工作制
3	设备功能	剪切倍尺（不切头、尾）
4	剪切钢材种类	合金结构钢、螺纹钢等
5	剪切温度	550℃以上
6	剪切速度	$3\sim21\text{m/s}$
7	剪切形状（回转式）	圆钢螺纹钢 $\phi12\sim30\text{mm}$
8	剪切力（切 $\phi30\text{mm}$）	$P_{\max}=128674\text{N}$
9	剪切精度	$\pm0.005\times$剪速
10	剪刃宽度	160mm
11	剪刃重叠量	3mm
12	剪刃间隙	$0.2\sim0.3\text{mm}$
13	飞剪机本体稀油集中润滑	车间油库供油
14	进钢方向	右进左出
15	飞剪机本体轴承	进口轴承
16	飞剪机本体中心距	$A=1145\text{mm}$
17	刀杆半径	$R=572.5\text{mm}$
18	飞剪机速比	$i=1.3214$

表4-2 与操作有关飞剪机的计算结果

序号	项　目	计　算　结　果
1	飞剪机本体轴承	进口 FWA 轴承
2	飞剪机本体中心距	$A=1145\text{mm}$
3	刀杆半径	$R=572.5\text{mm}$
4	齿轮材料 20CrNi2MoA	齿轮全部采用硬齿面
5	圆柱齿轮精度不低于	ISO 1328-1：1995 的 5 级，整体精度 5 级
6	齿形进行修形，齿面接触合格	接触斑点齿长大于70%、齿高大于50%修形除外
7	焊接箱体进行两次退火	清除内应力，保证箱体不变形
8	箱体涂漆按 JB/T 5000.12—1998	底漆按 C06-1 铁红醇酸底漆，面漆 C04-2 醇酸磁漆
9	飞剪机本体稀油集中润滑	车间油库供油，箱体外部管路采用钢管接头

序号	项　　目	计 算 结 果
10	剪切开始角（Ⅰ）	$\varphi_1 = 13.789°$
11	剪切开始角（Ⅱ）	$\beta = 166.211°$
12	剪切力最大时刀杆角	$\varphi_2 = 11.760°$
13	剪切终了时刀杆角	$\varphi_3 = 9.284°$
14	最大剪切力计算（切 ϕ30mm）	$P_{max} = 128674N$
15	上剪刃剪切扭矩	$M_1 = 11477N \cdot m$
16	下剪刃剪切扭矩	$M_2 = 25900N \cdot m$
17	总剪刃剪切扭矩	$M_\Sigma = 37377N \cdot m$
18	剪切开始时电动机的转速	$n_1 = 486.12r/min$
19	剪切终了时电动机的转速	$n_2 = 485.8r/min$
20	实际操作采用的剪切时间	$T_j = 0.013s$
21	纯剪切时间	$t = 0.00204s$
22	电动机 ZFQZ-400-42	430kW、500r/min
23	飞剪机设备重量	18t

4.1.2　操作与控制

4.1.2.1　操作有关数据

M_e：额定扭矩，$M_e = 10874N \cdot m$；

M_q：起动扭矩，$M_q = 29462N \cdot m$；

M_j：剪切扭矩，$M_j = 29462N \cdot m$（剪切力矩与起动力矩相同）；

M_z：制动扭矩，$M_z = 26535.6N \cdot m$（制动行程 170°，剪刃回到原始位置）；

t_q：起动时间，$t_q = 0.11054s$；

t：纯剪切时间，$t = 0.00204s$；

t_j：实际操作采用的剪切时间，$t_j = 0.013s$；

t_z：制动时间，$t_z = 0.1166s$；

t_k：空载时间，$t_k = 5.7549s$；

T_0：一个循环周期时间，为循环周期时间的总和，$T_0 = t_q + t_j + t_z + t_k = 0.11054 + 0.00204 + 0.1166 + 5.7549 = 6s$。

（1）起动扭矩超载倍数：

$$n = \frac{M_q}{M_e} = \frac{29462}{10874} = 2.71$$

式中，$M_q = 29462\text{N} \cdot \text{m}$；$M_e = 10874\text{N} \cdot \text{m}$。

（2）制动扭矩超载倍数：

$$n = \frac{M_z}{M_e} = \frac{26535.6}{10874} = 2.44$$

式中，$M_z = 26535.6\text{N} \cdot \text{m}$。

飞剪机剪切负载图如图 4-2 所示。

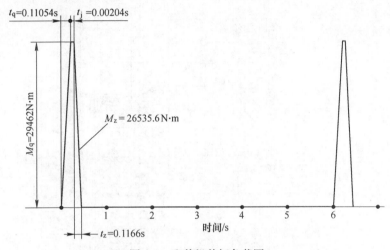

图 4-2　飞剪机剪切负载图

回转式飞剪机刀杆起动 $t_q = 0.11054\text{s}$，转 161.2° 达到要求速度，很快进行剪切，剪刃还在轧件前面，如果很快制动则剪刃可能挡住轧件前进，就是再按剪切速度，等速转动 28.8° 后进行制动。这样是剪刃从原始位置，旋转 190° 再制动。计算这 28.8° 剪切时间，这叫操作剪切时间 $t_j = 0.013\text{s}$，制动时间 $t_z = 0.1166\text{s}$，制动行程 $\varphi_z = 170°$。转 170° 后剪刃回到原始位置，剪刃固定。

剪切过程示意图如图 4-3 所示。

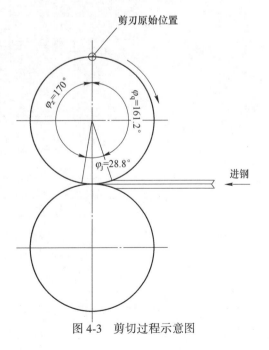

图 4-3　剪切过程示意图

回转式飞剪机剖视图如图 4-4 所示。

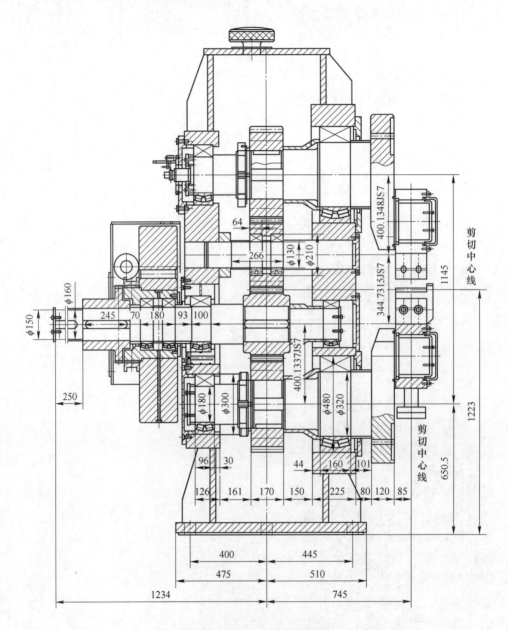

图 4-4 回转式飞剪机剖视图

4.1.2.2 飞剪机的操作

(1) 飞剪机的操作有自动和手动两种：

手动：在操作台上，操作人员根据需要用按钮控制飞剪机。

自动：由计算机编程控制，当收到来钢信号，飞剪机自动控制飞剪机剪切。

周期：飞剪电动机启动（2.71 倍额定电流）→加速（2.71 倍额定电流）——达到与轧件相适速度（指剪刃在剪切开始角的水平分速度稍大于轧件速度）时→即匀速运转（2.71 倍额定电流）→剪切（2.71 额定电流）→动力制动（2.44 额定电流）→停止在原始位置。整个周期由一个位置编码器对剪刃位置各整个剪切过程进行控制。

本章组合式飞剪机，仅用剪切模式为回转式时，此时应拆下曲柄刀体，将曲柄连杆持在支座上用销轴销住。飞剪机装上回转刀体。

（2）两种剪切模式。

回转式飞剪机有两种剪切模式，分别用于以下种情况：

1）当剪切棒材时 $\phi 20 \sim 30\text{mm}$：剪切模式为刀杆+飞轮，此时飞剪轴上应安装回转刀体，并将飞轮离合器的手柄扳至"接合"位置，主控操作台上同时显示处于"刀杆+飞轮"剪切模式。

2）当剪切时棒材时 $\phi 12 \sim 19\text{mm}$：剪切模式为回转式，此时剪轴上应将飞轮离合器的手柄扳至"脱开"位置，主控操作台上同时显示处于"回转"剪切模式。

4.1.3 安装与调整

4.1.3.1 安装

飞剪机安装时除应满足图纸上的技术要求外，还应遵守下列规范：

（1）冶金机械设备安装工程施工及验收规范通用规定：YBJ 201—80。

（2）冶金机械设备安装工程施工及验收规范——液压、气动和润滑系统的规定：YB 207—85。

（3）冶金机械设备安装工程施工及验收规范——轧钢设备：YB 9249—93。其中飞剪机的安装精度采用Ⅰ级。

（4）飞剪机上电气设备的安装应相应的国家或行业标准。

4.1.3.2 调整

飞剪机的调整只有在设备安装无误且验收合格的基础上方可进行。飞剪机的调整应按图纸的要求进行。

（1）飞剪机的剪刃间隙应调至在 0.2～0.3mm 之间，剪刃重合度最大为 3mm。调整剪刃间隙时，首先应消除齿轮侧隙，再通过修磨垫片将剪刃间隙调至 0.2～0.3mm，剪刃重合度的调整主要通过修磨剪刃和加垫片进行调整。

（2）入口和出口导板的调节应以使轧件能顺利导入和导出飞剪机。

（3）各转动部件应运转灵活，不得有卡死现象，必要时重新调整轴承间隙。

（4）检查飞剪机各润滑点的给油情况，保证到各润滑点的油路畅通，无堵塞现象和漏油现象。

（5）编码器的位置调整按电控设计的要求进行。

（6）手动盘车，使剪刃转动数周，确认无碰撞现象发生。

（7）安装曲柄刀体时，可通过调整上曲柄摆杆轴上的偏心套对上、下刀片的平行度进行调整。

4.1.4 试车

4.1.4.1 空负荷单机试车

（1）稀油站开启，当达到额定压力时检查各润滑点的流量是否正常，回油是否正常，待压力、流量均正常后才可开机。

（2）开启飞剪电机，按剪切时的启制动状态进行空负荷试车，剪切速度由低至高，检查各转动部件是否运转正常，无异常噪声、振动及发热等现象。检查剪刃有否碰撞及干涉现象。如有不正常现象，则消除后再进行空负荷试车。

空负荷运转，应保证运转平稳，无冲击，无异常噪声及振动，各密封处、接合处没有渗油现象。

（3）飞剪机空负荷试车期间，在飞剪机的操作侧安全距离以内不得有人，以避免人身伤害事故。

（4）电控系统的调试按有关规定执行。

4.1.4.2 空负荷联运试车

飞剪机单机试车通过后，应进行飞剪机与其前后设备及轧机的联动空负荷试车。检查各检测元件能否正常发出信号，并做适当调整。检查飞剪机能否正常接收信号并按规定进行剪切，各联锁要求是否能正常进行。

空负荷联动试车主要内容应按电控设计制定的调试大纲进行。

4.1.4.3 热负荷单机试车

在空负荷试车合格的基础上进行热负荷试车。热负荷试车应按照正常生产所需具备的条件进行，热负荷试车的结果应使飞剪机、轧机的动作协调一致，各种检测元器件动作可靠，达到正常生产的条件。

热负荷试车应先以高于剪机允许剪切温度的较短长度轧件进行剪切试验，并且先以小规格断面进行试车，如无问题逐渐增大，最后至最大剪切断面。

4.1.4.4 热负荷联动试车

热负荷单机试车合格后，方可进行机组联动试车。联动试车主要考核电控联锁关系。热负荷联动试车主要按电控设计制定的要求进行。

在飞剪机进入正常剪切后，实际测量剪切后的倍尺长度，相应调整有关的设定值；最终使剪切长度符合生产要求。

4.1.5 设备润滑

4.1.5.1 稀油润滑

剪机箱体内的 4 个齿轮啮合处、箱体上的滚动轴承处均采用车间的稀油站直接供油，用喷嘴进行喷溅润滑。润滑油牌号为 N150 中极压工业齿轮油。

4.1.5.2 干油润滑

采用人工手动干油润滑方式。各干油润滑点所用干油牌号为 3 号工业锂基脂。滚动轴承润滑周期约 10 天、滑动轴承润滑周期约 1 天。

4.1.6 维护和检查

维护和检查见表 4-3。

表 4-3 维护和检查

检查地点	检查目的	检查部位	检查状态	检查周期	检查方法
剪机箱体	漏油情况	密封处	运转时	每班	眼看
各轴承处	运转情况	轴承	运转时	每班	听声音测温
空气配管	压力、漏气情况	压力表、管道	停止时	每班	眼看
润滑配管	压力、漏油情况	压力表、管道	运转时	每班	眼看
冷却水配管	压力、漏水情况	压力表、管道	运转时	每班	眼看
刀片	磨损情况	刀片边缘	停止时	每班	眼看
刀片	间隙	刀片间	停止时	每班	塞尺
刀片	有无松动	螺栓	停止时	每班	眼看
齿轮	磨损情况	齿面	停止时	半年	眼看

4.2 曲柄连杆式飞剪机操作说明

4.2.1 曲柄连杆飞剪机有关数据

本飞剪机是在轧机组后面，剪切成品为倍尺所用。曲柄连杆倍尺飞剪机属高精设备，应按规定程序操作、维护（图 4-5）。

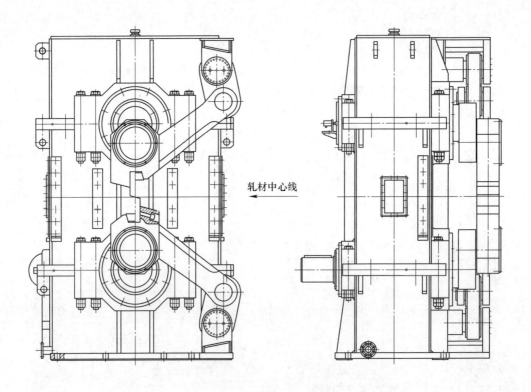

图 4-5 曲柄连杆倍尺飞剪机示意图

曲柄连杆式飞剪机剪切 $\phi140$mm 圆钢技术性能见表 4-4，剪切 $\phi140$mm 圆钢飞剪机计算结果见表 4-5。

表 4-4 曲柄连杆式飞剪机剪切 $\phi140$mm 圆钢技术性能

序号	项 目	主要技术指标
1	工作形式	曲柄连杆式
2	工作制度	电动机起停工作制
3	设备功能	剪切头尾、碎断、切倍尺
4	剪切钢材种类	合金结构钢、螺纹钢、弹簧钢、轴承钢等
5	剪切温度	700℃ 以上
6	剪切速度	0.8~2m/s
7	剪切形状	$\phi70\sim140$mm 圆钢、螺纹钢
8	剪切精度	±0.005×剪速
9	剪刃宽度	260mm

序号	项 目	主要技术指标
10	剪刃重叠量	3mm
11	剪刃间隙	0.2~0.3mm
12	飞剪机本体稀油集中润滑	车间油库供油
13	进钢方向	右进左出
14	飞剪机本体轴承	进口轴承
15	飞剪机设备重量	28t
16	电动机 ZFQZ-400-32	500kW、680r/min
17	减速机速比	$i = 5.15$
18	曲轴回转直径	ϕ480mm
19	齿轮材料 20CrNi2MoA	齿轮全部采用硬齿面
20	圆柱齿轮精度不低于	ISO 1328-1：1995 的 5 级，整体精度 5 级
21	齿形进行修形，齿面接触合格	接触斑点齿长大于 70%、齿高大于 50% 修形除外
22	焊接箱体进行两次退火	清除内应力，保证箱体不变形
23	箱体涂漆按 JB/T 5000.12—1998	底漆按 C06-1 铁红醇酸底漆，面漆 C04-2 醇酸磁漆
24	飞剪机总飞轮矩	$\sum GD^2 = 12380$N · m

表 4-5 剪切 ϕ140mm 圆钢飞剪机计算结果

序号	项 目	计算结果
1	剪切开始角（i）φ_1	$\varphi_1 = 44.9° \approx 45°$
2	剪切开始角（ii）β	$\beta = 180° - 45° = 135°$
3	剪切力最大时曲柄角 φ_2	$\varphi_2 = 37.266°$
4	剪切终了角 φ_3	$\varphi_3 = 27.95°$
5	计算纯剪切时间	0.0616s
6	最大剪切力计算 P_{max}	$P_{max} = 1400836$N
7	上曲柄剪切扭矩	$M_1 = 198510$N · m
8	下曲轴剪切扭矩	$M_2 = 252020$N · m
9	总剪切扭矩	$M_z = 450530$N · m
10	剪切开始时电动机的转速	$n_1 = 236$r/min
11	剪切终了时电动机的转速	$n_2 = 223.17$r/min
12	纯剪切时间	$t = 0.0616$s
13	实际操作采用的剪切时间	$t_j = 0.2727$s
14	飞剪机设备重量	28t
15	电动机 ZKSL-450-51	750kW，500r/min

曲柄连杆飞剪机剖视图如图 4-6 所示。

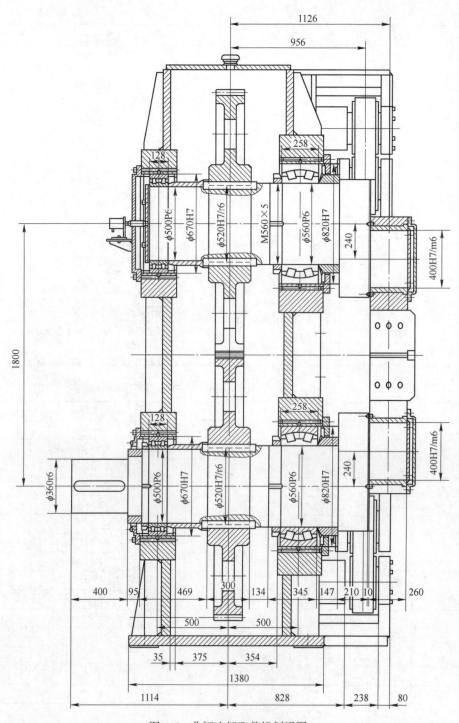

图 4-6 曲柄连杆飞剪机剖视图

4.2.2 剪切 ϕ140mm 圆钢操作与控制

电动机：ZKSL-450，750kW，500r/min；

额定力矩：$M_e = 73773.75$N·m；

起动力矩：$M_q = 44622$N·m；

剪切力矩：$M_j = 44622$N·m（假设操作时剪切力矩与起动力矩相同）；

制动力矩：$M_z = 29638.4$N·m；

摩擦力矩：$M_c = 2187$N·m；

起动时间：$t_q = 0.1836$s；

纯剪切时间：$t_j = 0.0616$s；

制动时间：$t_z = 0.2315$s；

空载时间：$t_k = 5.778$s。

剪切过程如图 4-7 所示。

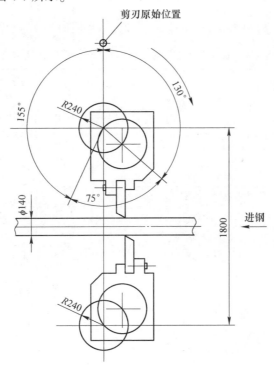

图 4-7　剪切过程示意图

4.2.2.1　超载计算

（1）起动扭矩超载倍数：

$$m = \frac{M_q}{M_e} = \frac{44622}{73773} = 0.60$$

式中，$M_q = 44622$N·m；$M_e = 73773$N·m。

（2）制动扭矩超载倍数：

$$m = \frac{M_z}{M_e} = \frac{29384}{73773} = 0.45$$

式中，$M_z = 29384$N·m。

4.2.2.2 飞剪机的操作

曲柄连杆式飞剪机，切 ϕ140mm 圆钢时，刀起动 0.1836s，转 135°能达到要求剪切开始速度，在设计过程中按 130°达到要求剪切速度来计算，提前一点更保险。当剪切终了时，剪刃还在轧件前面，如果很快制动则剪刃可能挡住轧件前进，所以剪刃剪机中点再按剪切速度旋转 75°，即是剪刃从原始位置转 205°再制动。制动时间 0.2315s，制动行程 155°剪刃回到原始位置，剪刃固定。

4.2.3 剪切 ϕ70mm 圆钢操作与控制

曲柄连杆式飞剪机剪切 ϕ70mm 圆钢计算结果见表 4-6。

表 4-6 曲柄连杆式飞剪机剪切 ϕ70mm 圆钢计算结果

序号	项　目	计算结果
1	剪切开始角（i）φ_1	$\varphi_1 = 31.33° \approx 32°$
2	剪切开始角（ii）β	$\beta = 180° - 32° = 148°$
3	剪切力最大时曲柄角 φ_2	$\varphi_2 = 26.114°$
4	剪切终了角 φ_3	$\varphi_3 = 19.66°$
5	计算纯剪切时间	0.0204s
6	最大剪切力计算 P_{max}	$P_{max} = 350214$N
7	上曲柄剪切扭矩	$M_1 = 34411.65$N·m
8	下曲轴剪切扭矩	$M_2 = 47505.58$N·m
9	总剪切扭矩	$M_z = 83917$N·m
10	剪切开始时电动机的转速	$n_1 = 493$r/min
11	剪切终了时电动机的转速	$n_2 = 492.26$r/min
12	实际操作采用的剪切时间	$t_j = 0.096$s
13	纯剪切时间	$t = 0.0204$s
14	电动机 ZKSL-450-5	750kW，500r/min
14	飞剪机设备重量	28t

曲柄连杆式飞剪机，切 ϕ70mm 圆钢，刀起动时间 0.098s，旋转 150°能达到要求剪切开始速度，在设计过程中按 145°达到要求剪切速度来计算，这样更保险。当剪切终了时，剪刃还在轧件前面，如果很快制动则剪刃可能挡住轧件前进，所以剪刃在飞剪机中点，再按剪切速度旋转 20°，即是剪刃从原始位置转

200°再制动。制动时间 0.1082s，制动行程 160°剪刃回到原始位置，剪刃固定。

电动机的扭矩与其电流成正比，电流与电动机发热有关。均方根扭矩计算可算出电动机发热情况，通过详细计算，起动扭矩大于额定扭矩。电动机能力是否够用，还需要再均方根扭矩发热计算。

电动机：ZKSL-450-51，750kW，500r/min；

额定扭矩：$M_e = 73773.75$ N·m；

起动扭矩：$M_q = 166484$ N·m；

剪切扭矩：$M_j = 166484$ N·m（假设操作时剪切扭矩与起动扭矩相同）；

制动扭矩：$M_z = 149777$ N·m；

摩擦扭矩：$M_c = 407$ N·m；

起动时间：$t_q = 0.098$ s；

纯剪切时间：$t_j = 0.0204$ s；

实际操作采用的剪切时间：$t_j = 0.096$ s；

制动时间：$t_z = 0.1082$ s；

空载时间：$t_k = 19.7734$ s。

飞剪机剪切负载图如图 4-8 所示。

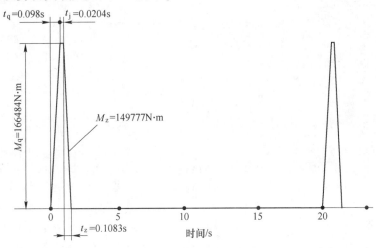

图 4-8　飞剪机剪切负载图

曲柄连杆式飞剪机运动图如图 4-9 所示。

4.2.3.1　超载计算

（1）起动扭矩超载倍数：

$$m = \frac{M_q}{M_e} = \frac{166484}{73773} = 2.257$$

式中，$M_q = 166484$ N·m；$M_e = 73773$ N·m。

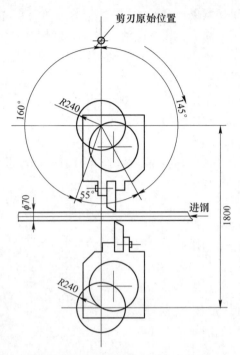

图 4-9 曲柄连杆式飞剪机运动图

（2）制动扭矩超载倍数：

$$m = \frac{M_z}{M_e} = \frac{149777}{73773} = 2.033$$

式中，$M_z = 149777 \text{N} \cdot \text{m}$。

4.2.3.2 飞剪机的操作

曲柄连杆式飞剪机，切 $\phi 70\text{mm}$ 圆钢，刀起动时间 0.098s，旋转 150°能达到要求剪切开始速度，在设计过程中按 145°达到要求剪切速度来计算，这样更保险。当剪切终了时，剪刃还在轧件前面，如果很快制动则剪刃可能挡住轧件前进，所以剪刃在飞剪机中点，再按剪切速度旋转 20°，即是剪刃从原始位置转200°再制动。制动时间 0.1082s，制动行程 160°剪刃回到原始位置，剪刃固定。

4.2.4 操作与控制

飞剪机的操作有自动和手动两种：

（1）手动：在操作台上，操作人员根据需要用按钮控制飞剪机。

（2）自动：

1）剪切 $\phi 70\text{mm}$ 圆钢时，由计算机编程控制，当收到来钢信号，自动控制飞剪机剪切。

周期：飞剪电动机启动（0.60 倍额定电流）→加速（0.60 倍额定电流）→剪刃达到与轧件相适应速度（指剪刃在剪切开始角的水平分速度稍大于轧件速度）时→即匀速运转（0.60 倍额定电流）→剪切（0.60 倍额定电流）→动力制动（0.45 倍额定电流）→爬行→停止在原始位置。整个周期由一个位置编码器对剪刃位置各整个剪切过程进行控制。

2）剪切 $\phi70mm$ 圆钢时，由计算机编程控制，当收到来钢信号，自动控制。

周期：飞剪电动机启动（2.26 倍额定电流）→加速（2.26 倍额定电流）→剪刃达到与轧件相适应速度（指剪刃在剪切开始角的水平分速度稍大于轧件速度）时→即匀速运转（2.26 倍额定电流）→剪切（2.26 倍额定电流）→动力制动（0.45 倍额定电流）→爬行→停止在原始位置。整个周期由一个位置编码器对剪刃位置各整个剪切过程进行控制。

4.2.5 安装、调整

4.2.5.1 安装

飞剪机安装时除应满足图纸上的技术要求外，还应遵守下列规范：

（1）冶金机械设备安装工程施工及验收规范通用规定：YBJ 201-80。

（2）冶金机械设备安装工程施工及验收规范——液压、气动和润滑系统的规定：YB 207—85。

（3）冶金机械设备安装工程施工及验收规范——轧钢设备：YB 9249—93，其中飞剪机的安装精度采用Ⅰ级。

（4）飞剪机上电气设备的安装应相应的国家或行业标准。

4.2.5.2 调整

飞剪机的调整只有在设备安装无误且验收合格的基础上方可进行。

飞剪机的调整应按图纸的要求进行。

（1）飞剪机的剪刃间隙应调至在 0.2~0.3mm 之间，剪刃重合度最大为3mm。调整剪刃间隙时，首先应消除齿轮侧隙，再通过修磨垫片将剪刃间隙调至0.2~0.3mm，剪刃重合度的调整主要通过修磨剪刃和加垫片进行调整。

（2）入口和出口导板的调节应以使轧件能顺利导入和导出飞剪机。

（3）各转动部件应运转灵活，不得有卡死现象，必要时重新调整轴承间隙。

（4）检查飞剪机各润滑点的给油情况，保证到各润滑点的油路畅通，无堵塞现象和漏油现象。

（5）编码器的位置调整按电控设计的要求进行。

（6）手动盘车，使剪刃转动数周，确认无碰撞现象发生。

（7）安装曲柄刀体时，可通过调整上曲柄摆杆轴上的偏心套对上、下刀片的平行度进行调整。

4.2.6　试车

4.2.6.1　空负荷单机试车

（1）稀油站开启，当达到额定压力时检查各润滑点的流量是否正常，回油是否正常，待压力、流量均正常后才可开机。

（2）开启飞剪电机，按剪切时的启制动状态进行空负荷试车，剪切速度由低至高，检查各转动部件是否运转正常，无异常噪声、振动及发热等现象。检查剪刃有否碰撞及干涉现象。如有不正常现象，则消除后再进行空负荷试车。

空负荷运转，应保证运转平稳，无冲击，无异常噪声及振动，各密封处、接合处没有渗油现象。

（3）飞剪机空负荷试车期间，在飞剪机的操作侧安全距离以内不得有人，以避免人身伤害事故。

（4）电控系统的调试按有关规定执行。

4.2.6.2　空负荷联运试车

飞剪机单机试车通过后，应进行飞剪机与其前后设备及轧机的联动空负荷试车。检查各检测元件能否正常发出信号，并做适当调整。检查飞剪机能否正常接收信号并按规定进行剪切，各联锁要求是否能正常进行。

空负荷联动试车主要内容应按电控设计制定的调试大纲进行。

4.2.6.3　热负荷单机试车

在空负荷试车合格的基础上进行热负荷试车。热负荷试车应按照正常生产所需具备的条件进行，热负荷试车的结果应使飞剪机、轧机的动作协调一致，各种检测元器件动作可靠，达到正常生产的条件。

热负荷试车应先以高于剪机允许剪切温度的较短长度轧件进行剪切试验，并且先以小规格断面进行试车，如无问题逐渐增大，最后至最大剪切断面。

4.2.6.4　热负荷联动试车

热负荷单机试车合格后，方可进行机组联动试车。联动试车主要考核电控联锁关系。热负荷联动试车主要按电控设计制定的要求进行。

在飞剪机进入正常剪切后，实际测量剪切后的倍尺长度，相应调整有关的设定值，最终使剪切长度符合生产要求。

4.2.7　设备润滑

4.2.7.1　稀油润滑

剪机箱体内的两个齿轮啮合处、箱体上的滚动轴承处均采用车间的稀油站直接供油，用喷嘴进行喷溅润滑。润滑油牌号为 N150 中极压工业齿轮油。

4.2.7.2 干油润滑

采用人工手动干油润滑方式。各干油润滑点所用干油牌号为 3 号工业锂基脂。滚动轴承润滑周期约 10 天，滑动轴承润滑周期约 1 天。

4.2.8 维护和检查

维护和检查见表 4-7。

表 4-7 维护和检查

检查地点	检查目的	检查部位	检查状态	检查周期	检查方法
剪机箱体	漏油情况	密封处	运转时	每班	眼看
各轴承处	运转情况	轴承	运转时	每班	听声音测温
空气配管	压力、漏气情况	压力表、管道	停止时	每班	眼看
润滑配管	压力、漏油情况	压力表、管道	运转时	每班	眼看
冷却水配管	压力、漏水情况	压力表、管道	运转时	每班	眼看
刀片	磨损情况	刀片边缘	停止时	每班	眼看
刀片	间隙	刀片间	停止时	每班	塞尺
刀片	有无松动	螺栓	停止时	每班	眼看
齿轮	磨损情况	齿面	停止时	半年	眼看

参 考 文 献

［1］ 马立峰. 轧钢机械设计［M］. 北京：冶金工业出版社，2021.

［2］ 邹家祥. 轧钢机械［M］. 北京：冶金工业出版社，2013.

［3］ 周福尧. 角钢飞剪机［J］. 轧钢，1991（6）：11～13.

［4］ Zhou F Y. A differential system for continuous mill：the design and analysys［C］∥Modern of Steel Rolling. International Academic Publishers，1989：7.

［5］ 吕维松. 差动调速连轧技术［M］. 北京：冶金工业出版社，1986.

［6］ 周福尧. 大功率差速器设计中若干问题［J］. 重型机械，1984（5）：12～17.

［7］ 王海文. 轧钢机械设计［M］. 北京：机械工业出版社，1983.

［8］ 周福尧. 齿轮差速器及差动调速技术［M］. 石家庄：河北人民出版社，1981.

［9］ 周福尧. 差动交流调速连轧及差速器［J］. 钢铁，1977（2）：48～53，72.

［10］ 周福尧. 外齿行星差速器设计与试验［J］. 重型机械，1977（7）：72～83.

［11］ 周福尧. 轧钢机人字齿轮机架计算探讨［J］. 钢铁，1964（7）：45～48.

［12］ 周福尧. 三辊开口销轴式轧钢机架计算［J］. 钢铁，1960（11）：30～34.

［13］ 周福尧. "人字齿轮机"装配式机架设计与计算［J］. 重型机械，1957（9）.

［14］ 成大先. 机械设计手册［M］.5 版. 北京：化学工业出版社，2011.